物理能量转换

图文并茂，具有趣味性、知识性

TANMIYUZHOUDABAOZHA

探秘宇宙大爆炸

编著◎吴波

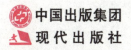

中国出版集团
现代出版社

图书在版编目（CIP）数据

探秘宇宙大爆炸 / 吴波编著 . —北京：现代出版社，2013.1（2024.12重印）

（物理能量转换世界）

ISBN 978-7-5143-1043-6

Ⅰ.①探… Ⅱ.①吴… Ⅲ.①量子-青年读物②量子-少年读物 Ⅳ.①O413-49

中国版本图书馆 CIP 数据核字（2012）第 292884 号

探秘宇宙大爆炸

编　　著	吴　波
责任编辑	刘　刚
出版发行	现代出版社
地　　址	北京市朝阳区安外安华里 504 号
邮政编码	100011
电　　话	010-64267325　010-64245264（兼传真）
网　　址	www. xdcbs. com
电子信箱	xiandai@ cnpitc. com. cn
印　　刷	唐山富达印务有限公司
开　　本	710mm×1000mm　1/16
印　　张	12
版　　次	2013 年 1 月第 1 版　2024 年 12 月第 4 次印刷
书　　号	ISBN 978-7-5143-1043-6
定　　价	57.00 元

前 言

“量子”一词来自拉丁语 quantus，意为“多少”，代表“相当数量的某事”。在物理学中，量子是这样定义的：在微观领域中，某些物理量的变化是以最小的单位跳跃式进行的，而不是连续的，这个最小的单位就是量子。

在经典物理学的理论中，能量是连续变化的，可以取任意值。19 世纪后期，科学家们发现很多物理现象无法用这一理论解释。1900 年 12 月 14 日，德国物理学家普朗克提出：像原子作为一切物质的构成单元一样，“能量子”（量子）是能量的最小单元，原子吸收或发射能量是一份一份地进行的。后来，这一天被认为是量子理论的诞生日。1905 年，德国物理学家爱因斯坦把量子概念引进光的传播过程，提出“光量子”（光子）的概念，并提出光同时具有波动和粒子的性质，即光的“波粒二象性”。20 世纪 20 年代，法国物理学家德布罗意提出“物质波”的概念，即一切物质粒子均具备波粒二象性；在这之后，德国物理学家海森堡等人建立了量子矩阵力学；奥地利物理学家薛定谔建立了量子波动力学。量子理论的发展进入了量子力学阶段。1928 年，英国物理学家狄拉克完成了矩阵力学和波动力学之间的数学转换，对量子力学理论进行了系统的总结，并将两大理论体系——相对论和量子力学成功地结合起来，揭开了量子理论发展的第三阶段——量子场论的序幕，最终量子理论成为现代物理学的两大基石之一，为从微观理解宏观提供了理论基础。

理查德·费因曼说：“谁也不懂量子力学。”真的是这样吗？的确，量子这种原子层次的事物，与我们日常所见的世界有很大的不同，这种不同就体现在我们熟悉的两大类现象即粒子和波动二者的差异之中：粒子一次只能存在于一个地点，而波（例如声波）却会在空间弥漫开来。在原子层次，把二者区别开来的这种差异已然消失。电子被认为是粒子，但也具有波的属性；光通常被认为是波动，可是光的某些特性也只有把它看成由粒子组成时才能够得到解释。这种同时具有波动和粒子二者的属性即所谓的“波粒二象性”，其现象只有借助于量子学才有可能说得清楚。除此之外，还有一些现象，比如能量的不连续性、量子的隧道效应、测不准原理等等。所有这些，都是量子学研究的范畴。

量子理论及其应用对技术领域的冲击非常大，以硅基芯片（理论支持来源于量子物理）为基础的现代电子工业，使现代生活中许多方面都发生了革命性的变化。同样，成千上万种激光器件的出现，皆起源于爱因斯坦对原子与光量子相互作用的研究，还有其他更广领域中的一些现象（如超导电性），都可以用同样的量子基本理论解释，一句话，量子世界真是奇妙。

目 录

微观粒子世界

奇妙的量子理论

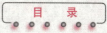

量子物理的实际应用

量子化学的研究与应用

波与粒子

电磁与量子

宇宙与量子

微观粒子世界

WEIGUAN LIZI SHIJIE

到20世纪60年代，有不少来自实验的间接证据，表明构成原子核的质子和中子并不是真正的基本粒子，而是具有内部结构的。另一方面，电子倒像是基本粒子，没有内容结构，但对它的运动，还了解得不够深入，甚至有偏差。多年来，已经构想出若干个模型，企图说明它们的内部到底是怎样的一种情形。

朴素的原子观

人类对自然界这个物质世界的认识，经历的探索时间是漫长的。土石叠为山丘，水流汇成河海。那么，土石和水流是由什么东西组成的？世间万物是怎样来的？假如不是无中生有的话，那么它们必定是由某些原始物质组成的，这些原始物质是什么？对这些问题的看法，或者说关于“原子”的设想，古代人的看法多种多样。

早在公元前1000多年的殷周时期，我们的先人就提出了五行说，用金、木、水、火、土这五种常见的物质来说明宇宙万物的起源和变化。到了春秋战国时期，由五行说的发展而产生了五行相生相克的观念。相生如木生火，火生土，土生金，金生水，水生木；相克如水克火，火克金，金克木，木克土，土克水。五行说中的合理因素，对我国古代的天文、历数和医学等方面，起了一定的作用。古代印度人也提出过与此类似的五大说，五大指的是地、水、火、风、空。

老子画像

我国春秋时期的大学问家老子做过周朝管理藏书的官，后来隐居了。他写的《道德经》虽然只有5000字，内容却非常丰富。那时候，人们认为宇宙间的万事万物都由神的意志统治和主宰。最高的神是天，也称为上天或天帝。所以，几乎人人都敬畏上天。然而，老子的看法却与众不同，他说，天地是没有仁义的，它对于万事万物，就像人对待用草扎的供祭祀用的狗一样，用完了就扔，不会有什么爱憎之情的。那么，天地万物的根本是什么呢？老子认为，有一样东西，在天地万物生长运行之前就存在了，世界上的所有东西都是由它产生的，没有了它，就什么也不会有。这个东西是什么呢？它就是“道”，即世界的本原（本原就是“最初的根源”的意思）是“道”。老子说：“道生一，一生二，二生三，三生万物。”那么，道又是一种什么样的东西呢？老子认为道是不能用语言表达的一种看不见、听不着、摸不到的混混沌沌的东西。你遇见它时，看不见它的前面；你跟着它时，看不见它的后面。然而，它又无处不在。按老子所说：“它惟恍惟惚，是无状之状，无象之象。”后人称老子的哲学学派为道家。道家说的这个“道”是精神还是物质，学术界对此有不同的看法。

在古希腊，盛行过一阵一元说。大约公元前600年，有个叫泰勒斯的哲学家，认为水是万物的本原。他认为，大地和万物，都是经过一个自然过程，从水中产生的，就像尼罗河三角洲，是由水中淤泥沉积起来的一样。稍后，有个叫阿那克西曼德的学者认为，万物的本原是一种叫作“无限”的不固定的物质。它在运动中分裂出冷和热、干和湿等对立的东西，并且产生万物。再稍后，有个叫阿那克西米尼的学者认为，气是万物的本原。他指出，气受热扩散，就变成火；遇冷凝聚，就变成水和土。气扩散和凝聚形成万物，万物也可转化为气。到了公元前500多年，出身于古希腊王室贵族，本应继承王位，却把王位让给了兄弟的哲学家赫拉克利特，又认为火是万物的本原。他说：“这个世界不是任何神所创造的，也不是任何人创造的，它过去、现在和未来永远是一团永恒的火，在一定的分寸上燃烧，在一定的分寸上熄灭。”他认为世界万物都在永远不停地变化着，犹如川流不息的江河，并用许多生动的事例描绘了这种运动和变化的画面。比这晚几十年，又有个叫阿那克萨哥拉的哲学家，认为万物的本原是“种子”，它的数目无限多，体积无限小，还具有各种形式、颜色和气味。他主张每一物体都是由各类性质不同的种子混合而成的，比如身体要靠食物滋养，食物就必然含有构成血和肉的种子。哪一类种子在数目和体积上占得多，物体就显出哪一类的性质。

大约在公元前400多年，古希腊的哲学家德谟克利特，发展了他的老师留基伯的原子学说，把构成物质的最小单元叫作原子。他认为，原子是一种不可分割的、看不见的物质微粒，它的内部没有任何空隙。原子在数量上是无限的，它们只有大小、形状和排列方式的不同，而没有本质的差别。原子在无限的虚空中急剧而无规则地运动着，互相碰撞，形成旋涡，产生世界万物。

德谟克利特

对物质本原的设想很多很多，这许许多多的说法，只能当作近代科学研究的一种参考，而不能看作是科学真谛。为什么这样说呢？因为这些假说的提出人，都没有想到或没有条件用实验来检验它们。只有能够用科学的方法进行检验，并且能经受住这种检验的才能被认为是科学的。

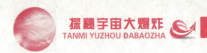

用近似于科学的方法来研究物质结构的活动，直到17世纪才开始。

17世纪以前，人们还不知道空气里含有多种成分，以为空气就是空气，甚至不知道空气与蒸汽的区别。17世纪初，比利时的一个叫海尔蒙特的医生，第一次天才地启用了“气体”这个名词，并首次指出“蒸汽比气体容易凝结”的现象。海尔蒙特认为世间万物都是由水和空气这两种东西构成的。为证实这种猜想，他做了一个非常有趣的柳树实验。

海尔蒙特用一个大瓦罐，往里面放了90.7千克烘干的土，再栽上一棵2.25千克的柳树苗。此后，除了往罐里浇水之外，不再放任何东西，而且，还把柳树的落叶一片片地拾起来保存着。这样过了5年，他拔起柳树再称，连同所有的落叶一共重76.8千克。再把土倒出来烘干了称，只比原来少了0.05千克。柳树增加了74.6千克，多出来的物质是从哪里生出来的呢？海尔蒙特认为它生自空气和水。

1661年，英国科学家玻义耳提出了化学元素概念，为科学地研究化学奠定了基础。百余年后，人们相继用实验手段发现了氢、氮和氧等元素，到这时才知道空气是由多种气体组成的。

道尔顿

1803年，英国化学家和物理学家道尔顿，把原子从一个扑朔迷离的哲学名词变为化学中掷地有声的实在东西。他用原子的概念来阐明化合物的组成及其所服从的定量规律，并通过实验来测量不同元素的原子质量之比，即通常所说的“原子量”。这种始自化学的原子假说叫作“化学原子论”，也可以说是科学的原子论。

道尔顿认为：“化学的分解和化合所能做到的，充其量只能让原子彼此分离或重新组合。物质的创生和毁灭，不是化学作用所能达到的。就像我们不可能在太阳系中放进一个新行星和消灭一个老行星一样，我们也不可能创造出或消灭掉一个氢原子。”

由于时代的局限性，道尔顿不太可能预见到百年之后，化学作用之外的物理作用的巨大威力。科学的发展表明，采用物理手段，就像我们能在太阳系中放进一个新行星或消灭一个老行星一样，我们不仅能创造出或消灭掉任意原子，而且我们还能分割原子核乃至更深层次的基本粒子。

知识点

化学元素

化学元素简称元素，根据原子核电荷数的多少对原子进行分类，把核电荷数相同的一类原子称为一种元素。任何物质都包含元素，一些常见的元素有氢、氮和碳。到 2007 年为止，总共有 118 种元素被发现，其中 94 种是存在于地球上的。原子序数大于 82 的元素都不稳定，会进行放射衰变。

延伸阅读

留基伯和他的原子论思想

留基伯（约公元前 500—约公元前 440 年），是古希腊唯物主义哲学家。一种说法说他出生在古希腊的米利都，另一种说法说他出生在色雷斯南部沿海的古希腊殖民地阿布德拉。留基伯是率先提出原子论（万物由原子构成）的哲学家，他的学说受到 4 位思想家和哲学家的影响，这 4 位思想家是泰勒斯、芝诺、恩培多克勒、阿那克萨哥拉。

留基伯的原子说认为，世间万物都是由不可分割的物质即原子组成的。宇宙间的原子数是无穷无尽的，它们的大小、形状、重量等都各自不同，并且不能毁灭，也不能创造出来。他把宇宙的形成解释为：宇宙间的原子在虚空中永远运动着，由于旋涡式的运动，把大的一些原子赶到旋涡中心而形成了地球，而较细小的水、气、火等原子被赶到空间，产生了环绕地球的旋涡运动。地球以外的大原子聚在一起形成湿块，靠它们通过旋涡时的运动变得干燥而燃烧起来形成天体。对于生命，他认为，生命是从一种原始的黏土中发展起来的，一切生命都是如此。人是宇宙的缩影，因为人含有各式各样的原子。人的呼吸是不断地把原子从人体中排出去，又不断地从空气中吸入人体，因此呼吸停止，生命便结束了。

卢瑟福的原子核模型

“原子核物理学之父”卢瑟福

在量子力学出现以前，经典力学既不能解释原子的大小，也不能解释原子的稳定。1911 年由新西兰物理学家欧内斯特·卢瑟福最先做的实验，已经证明了，原子的所有正电荷，以及几乎所有的质量，都集中在一个很小的中心上，卢瑟福把这个中心叫作“原子核”。原子的绝大部分是空的。卢瑟福早在 1908 年就因为在放射性方面的工作已经获得过诺贝尔奖了，现在我们知道放射性是某些不稳定化学元素“衰变”引起的：原子发出 α、β 或者 γ 射线等形式的辐射，并且转变成另外一种元素。

卢瑟福发现，带正电、很重、穿透力很强的 α 射线，实际上就是失去了两个电子的氦原子。而 β 射线实际上就是电子，γ 射线是高能光子。在那个时代，牵涉不同化学元素的研究被认为是化学家的工作，这样卢瑟福有点跳出了自己的领域，获得了诺贝尔化学奖。在他的获奖讲演中，他说道，在他做的放射性研究工作中，他观察到了很多变化，但是没有哪种变化比他自己快——突然从物理学家变成了化学家！

卢瑟福是怎么发现原子核的？他用到了物理学家的一种传统方法，简单地说，就是把一个东西朝某个东西扔过去，然后看会发生什么。卢瑟福与他在英国曼彻斯特的同事们一道，把放射源中出来的α射线射向一片很薄的金箔。然后他们仔细观察α粒子向什么方向散射。绝大多数时间，α粒子的前进方向只有很小的改变，但是偶尔，α粒子会偏转一个很大的角度。实验结果让卢瑟福大吃一惊，他把实验结果形象地描述为：

这是我一生中见过的最难以置信的事情。这就像你把一枚15英寸（1英寸=2.54厘米）的炮弹射向一张薄纸，炮弹会反弹回来打中你自己一样难以置信！

卢瑟福被这些实验结果困惑了好几个星期，最后意识到，那些α粒子只有碰到原子里面的很小但是很致密的物质核心——原子的核，才可能发生那么大的偏转。

我们现在已经知道，原子核里面含有一种叫质子的粒子，质子带有一个正电荷，与电子的电荷数量相同电性相反；还有一种叫中子的粒子，中子是电中性的。质子和中子都比电子重大约2000倍，因此原子的绝大部分质量都在原子核内。原子核里面质子和中子数目的不同意味着它们是不同的元素。质子和中子，被一种比质子间电斥力强很多很多的力束缚在原子核的很小的空间内。而且，这些“强力”只允许某些数目的中子和质子结合在一起形成一个稳定的原子核。最简单的原子核是氢核，就是一个质子。下一个最简单的原子核是α粒子，就是氦原子核，含有两个质子和两个中子。在一个中性的原子内，原子核带的正电荷被电子的负电荷精确地平衡。氢原子有一个电子，氦原子有两个。电子的数目，或者等价地说，质子的数目，决定了不同元素的化学性质。这样，虽然强大的核力允许一种元素有几种不同的原子核，也就是原子核中有不同的中子数，但是这些“同位素”的化学性质完全相同。例如，普通气体氖的原子核有10个质子和10个中子，但自然界也有不同种类的氖，原子核里的中子数分别是11或者12。由于这些氖的同位素质子数相同，当然电子数也就相同，因此它们的化学性质完全一样。类似的，氢有两种非常稀有的同位素，原子核里面分别含有一个和两个中子。这两种氢的同位素分别叫作“氘”和“氚”，氘和氚在恒星的核反应和核武器中都非常重要。有些同位素，特别是一些重元素的同位素，不稳定，会经过放射性衰变变成更稳定的元素。

卢瑟福把原子描述为一个微型的太阳系，电子绕着原子核在轨道上运行，就像行星绕太阳运行一样。电子的相对大的轨道，可以解释与原子核相对的原子的相对较大的尺寸。原子的整体是电中性的，电子被带正电的原子核吸引，沿着绕原子核的轨道运动。不幸的是，对于经典物理学来说，这种模型根本无法运转。为了绕原子核运动，电子的运动方向就不能是一条直线。也就是说，电子必须不停地改变方向，才能够保持在轨道上。换句话说，也就是电子必须一直不停地朝原子核加速。但是根据已经确立的电磁学理论，一个带电粒子加速的时候会辐射出光。因此经典物理学预言，在很短的时间内，电子会通过辐射失去能量，直到螺旋着掉进原子核里。

知识点

同位素

同位素是指具有相同质子数，不同中子数（或不同质量数）同一元素的不同核素。自然界中许多元素都有同位素。同位素有的是天然存在的，有的是人工制造的；有的有放射性，有的没有放射性。氢有三种同位素，H 氕、D 氘（又叫重氢）、T 氚（又叫超重氢）；碳有多种同位素，例如^{12}C、^{13}C、^{14}C（有放射性）等。同一元素的同位素虽然质量数不同，但它们的化学性质基本相同，物理性质有差异。

延伸阅读

诺贝尔奖获得者培养人

卢瑟福是一位杰出的学科带头人，被誉为“从来没有树立过一个敌人，也从来没有失去一位朋友”的人。在他的助手和学生中，有多人荣获诺贝尔奖。

1921 年，卢瑟福的助手索迪获诺贝尔化学奖；

1922 年，卢瑟福的学生阿斯顿获诺贝尔化学奖；

1922 年，卢瑟福的学生玻尔获诺贝尔物理学奖；

1927 年，卢瑟福的助手威尔逊获诺贝尔物理学奖；

1935 年，卢瑟福的学生查德威克获诺贝尔物理学奖；

1948 年，卢瑟福的助手布莱克特获诺贝尔物理学奖；

1951 年，卢瑟福的学生科克劳夫和沃尔顿，共同获得诺贝尔物理学奖；

1978 年，卢瑟福的学生卡皮察获诺贝尔物理学奖。

无怪乎有人说，如果世界上设立“培养诺贝尔奖获得者奖”的话，那么卢瑟福是第一号候选人。

玻尔的原子结构模型

人们把玻尔和爱因斯坦，称为 20 世纪两位最伟大的物理学家，因为他们分别是量子论和相对论的创始人。

1885 年 10 月 7 日，玻尔出生在丹麦哥本哈根的一个充满浓郁的科学和文艺气氛的家庭中。他的爸爸是一位有名的生理学家，妈妈也有很高的文化。玻尔是在哥本哈根大学受的高等教育，1906 年大学毕业，1911 年获得博士学位。

物理学家玻尔

1911 年 10 月，玻尔来到英国剑桥大学，想跟发现电子的汤姆生研究电子理论。由于汤姆生已对电子理论不感兴趣，使得玻尔不得不于第二年 3 月离开剑桥，转到曼彻斯特大学的卢瑟福实验室。

20 世纪初英国的卢瑟福实验室，正处在有着重大发现的辉煌时期。从 1909 年到 1911 年，卢瑟福和德国来的年轻的博士后盖革，以及从新西兰来的更年轻的学生马斯顿，在用 α 粒子轰击金属薄膜的实验中，发现了 α 粒子明显偏转甚至被反弹回来的现象。在发现这一现象之前，人们大都以为，像枣糕一样，原子里充满了均匀的带正电的液体，电子都浸在这种“正电液”中。原子里有什么东西能把以近 30000 千米/秒的速度飞射着的 α 粒子挡住并弹回来呢？通过深沉的思考和丰富的想象，卢瑟福认为：原子像个缩小了的太阳系，有个又小又重的像太阳一样的核心，电子像行星一样绕着这个核心运转。

当玻尔 1912 年春天来到这里时，卢瑟福的新奇实验和设想已吸引来了不少优秀的科学家。每天黄昏时分，实验室的全体人员总是聚在一起用茶。实验桌上放着茶水、糕点、奶油和面包片，大家一边吃一边聊。卢瑟福常常将话题引到他的原子模型上。

卢瑟福根据实验现象而设想的原子模型，有个致命的弱点。在卢瑟福的模型中，电子围绕原子核在不停地旋转。按照经典电磁学的规律，电子在绕原子核旋转时，会把自身的能量连续不断地释放出去，于是电子就会在带正电的原子核的吸引下，最终落到原子核上，原子也就坍缩掉而不成为原子了。但实际情况却不是这样，原子是非常稳定的。这个矛盾该怎样解决呢？

此时，玻尔想到了普朗克的量子假设和爱因斯坦的能量子概念。根据这些历史经验，玻尔觉得必须用另外一种观点来看待原子结构。

玻尔的原子模型也像一个小的太阳系，原子核居于中间，电子以一定的轨道环绕着原子核，非常像行星环绕太阳的轨道。如果也按照经典电磁学的思路去考虑问题，这种在轨道中运动的电子，同样会不断地向外辐射电磁波，从而损失能量并快速以螺旋形轨道坍落到原子核上。但玻尔推测它们并不会如此，因为只要按照普朗克的思想，电子只“允许”以分立的能量块即量子方式辐射能量。这样电子就不能连续地以螺旋形轨道向内运动，当它失去能量时，它只能从一个固定轨道跃迁到另一个轨道而向里运动——就好像火星突然跳到现在被地球所占据的轨道上一样。玻尔还说，电子并不能都聚集到最内层的轨道上，那就好像太阳系的所有行星突然都跳到水星的轨道上一样，因为每个轨道上所允许的电子数目是有限制的。如果靠近原子核的内层轨道填满后，原子中的其余电子就只能待在离原子核更远一些的轨道上。

玻尔所描绘的原子结构图景，是把经典思想（轨道）与新的量子思想奇妙地结合在一起，所用的猜测与新规则，解释了为什么所有的电子不能都待在相同的轨道上。这个观点也适用于物理学中的另一件重要的事情——它解释了在光谱中产生亮线和暗线的原因。

大多数热的物体，并不是单纯像黑体那样辐射光线。比如，太阳光是七色光，它的光谱在特殊波长处（对应特殊的颜色）有尖锐的线，有的暗有的亮。这些谱线对应着几种特殊的原子，比如，当钠原子被加热或加电压时，它的光谱中产生黄色和橘黄色两条亮线，这就是如今我们所熟悉的某种街灯的颜色。玻尔把这样一些光线解释为原子内的电子从一个轨道（一个能级）跃迁到另一个轨道的结果。你可以想象成在楼梯上从一个阶梯跳到另一个阶梯。亮线处是许多相同的原子（像街灯中的钠原子）中的状态相同的电子，以适当的步幅一齐向内跃迁，每个电子以光量子的形式释放相同数量的电磁能。暗线处是电子吸收了恰好能向高能级跃迁的能量。于是电子从一个稳定的轨道向离核较远的另一稳定轨道（即楼梯中的“上一个阶梯”）跃迁。

1913 年，玻尔把自己的新观点写成题目为《论原子和分子的结构》的论文，在英国的《哲学杂志》上发表。玻尔在论文中表明，电子是在一系列的稳定轨道上绕原子核旋转的。如果不放出能量，电子就会一直在原地绕圈而不会坍缩到原子核上去。

玻尔在原子模型中采用的量子化概念，是微观世界特有的普遍规则。对比来说，在哥白尼的太阳系中，行星可以在任意连续的轨道上运行。例如人造地球卫星的发射，只要选择好发射速度和角度，就能让卫星占据任意的轨道。而在卢瑟福—玻尔的原子行星模型中，电子却只能在某些特定的分立轨道上旋转。这种分立的轨道，就像梯子的横档一样有间隔。我们上下梯子时不能像平常走平路那样，随意迈步，每一步都要正好达到两档间的长度才行。梯子横档的位置是量子化的。

同样，一个人站在楼梯不同的梯级上时，相对地面的重力势能的值都是分立的。可以形象地把这些分立的能量值，看作像梯子一样的能级，即量子化的能级。原子中的电子可以占据不同的轨道，一条轨道对应一个能级。通常，电子按能级由低到高、由里到外排列，一层层地环绕着原子核。电子的这种分布，总是使整个原子的能量为最小。这种能量最小的状态，叫作原子的基态。在基态能级上的电子，如果不被打扰的话，就会老待在那儿。假如用光照射或用其他方式刺激它一下，电子获得能量就会跳跃到外层轨道上。不过，电子在较高能级上只逗留很短时间，很快就以光的形式放出能量而跳回基态。它“吐出来”的能量正好是它跳上外层时“吃进去”的能量。携带这份能量的光子因而被叫作能量子。

玻尔的原子结构理论不仅解释了当时的实验，而且很快就得到了新的验证。爱因斯坦听到这些消息时说：“这可是一个重大的成就！”玻尔的新观点具有划时代的意义，它打开了全新的量子物理学的大门，并因此荣获 1922 年的诺贝尔物理学奖。

知识点

光　谱

光谱全称为光学频谱，是复色光经过色散系统（如棱镜、光栅）分光后，被色散开的单色光按波长（或频率）大小而依次排列的图案。光谱中最大的一部分可见光谱是电磁波谱中人眼可见的一部分，在这个波长范围内的电磁辐射被称作可见光。光谱并没有包含人类大脑视觉所能区别的所有颜色，譬如褐色和粉红色。根据研究光谱方法的不同，习惯上把光谱区分为发射光谱、吸收光谱与散射光谱。其中发射光谱可以区分为三种不同类别的光谱：线状光谱、带状光谱和连续光谱。线状光谱主要产生于原子，带状光谱主要产生于分子，连续光谱则主要产生于白炽的固体或气体放电。每种原子都有其独特的光谱，犹如人的指纹一样是各不相同的。

延伸阅读

和平大使——玻尔

1933年，希特勒夺取了政权，德国成了法西斯国家。玻尔对法西斯政权实行的种族迫害和政治迫害深感忧愁和愤怒，他积极创立和参加了丹麦救援移民委员会，对从德国逃难到哥本哈根的科学家及其他难民，给予了尽力的支持和帮助。1940年4月，德国侵占了丹麦，丹麦政府宣布投降。玻尔不屈不挠，没有放弃自己的信仰，他拒绝与侵略者合作，并不与支持侵略者的人有任何来往。1943年9月，希特勒政权准备逮捕玻尔。为了避免遭到迫害，玻尔在反法西斯组织的帮助下，冒着极大的危险逃到了瑞典。在瑞典，他帮助安排了几乎所有的丹麦籍犹太人逃出了希特勒毒气室的虎口。接着，他又来到了英国，在英国待了两个月后，玻尔被任命为英国的顾问，与查德威克等一批英国原子物理学家远涉重洋去了美国，参加了制造原子弹的曼哈顿计划。玻尔由于担心德国率先造出原子弹，给世界造成更大的威胁，所以也和爱因斯坦一样，以科学顾问的身份积极推动了原子弹的研制工作。但他坚决反对在对日战争中使用原子弹，也坚决反对在今后的战争中使用原子弹，始终坚持和平利用原子能的观点。他积极与美国和英国的国务活动家取得联系，参加了禁止核实验，争取和平、民主和各民族团结的斗争。1945 年，玻尔又回到了丹麦，继续担任理论物理研究所所长，并被重新选为丹麦皇家科学协会主席。在以后的日子里，玻尔不仅积极参加和领导原子物理的理论研究，而且继续致力于发展原子能的和平利用。随着时间的推移，玻尔为争取和平事业和国际合作而进行的斗争广为人们所知，他的威信越来越高，影响也越来越大了。因此，1957 年他理所当然地被授予第一届“和平利用原子能”奖。

原子核内的相互作用

到 20 世纪 60 年代，有不少来自实验的间接证据，表明构成原子核的质子和中子并不是真正的基本（不可分割的）粒子，而是具有内部结构的。另一方面，电子倒像是基本粒子，没有内部结构。质子和中子被统称为核子。多年来，已经构想出若干个模型，企图说明它们的内部到底是怎样的一种情形。在这些猜测中，有一个叫作夸克的模型，它最早是由乔治·茨韦格于 1963 年提出的一种理论。

茨韦格先在加州理工学院工作，后来转入设在日内瓦的欧洲原子核研究委员会（CERN，现名欧洲核子研究组织）。几乎在同一时间，默里·盖尔曼也独立提出了与茨韦格相同的模型。盖尔曼也在加州理工学院工作，但并不知晓茨韦格的工作，因为后者在发表他的研究成果之前就离开了那里。在当时，虽

物理学家默里·盖尔曼

然已经有了好几个猜测性的模型，但唯有这个模型希望最大。而它最终被科学家选中，则是因为几年之后有实验证实，这个模型能够很好地描述质子和中子内部的情况。有关的实验是在20世纪60年代末利用加利福尼亚的斯坦福直线加速器进行的。实验的内容是把电子发射到一根抽空（低压）的长度达3.5千米的直线管道，观测它们被核子——质子或中子——散射的情况。实验数据表明，电子曾探测到核子内部存在着一些略硬的粒子。美国物理学家理查德·费因曼把这些粒子叫作“部分子”。他取这个名称，是为了避免偏袒某一个猜测性模型，其意思不过是指出它们属于核子的一部分而已。然而不久科学家就搞清楚了，这些“部分子”的行为恰好与夸克理论的预言相一致。

按照夸克模型的现代形式，这个理论说，每一个核子都是由3个夸克组成的。夸克具有与电荷类似的性质，但有三种这样的性质，而不是像电荷那样是两种（正电荷和负电荷）。这三种夸克性质使用了颜色的名称来标记，这当然纯粹是为了方便。夸克并不是真的带有颜色，本来也可以随便称它们为汤姆、迪克和哈里。赋予这些色荷的名称是红、蓝和绿。一个核子内部总会有对应于每一种颜色的一个夸克，三种色荷相互抵消，因此它们对于其他粒子的影响便微乎其微。不过夸克也可以带有电荷。正如带电粒子之间的电磁力以光子作为载体，夸克之间的色力也需要类似于光子的粒子作为载体。这种粒子有一个奇怪的名称，叫作“胶子”，因为它们就像胶水一样把夸克胶合在一起，而且胶性还特别强。带电粒子相距越远，它们之间作用的电力会变得越弱，然而，若把两个夸克也拉开，其间的这种胶力反而会越强。这就像一根弹性带，你把它拉得越长，拉起来就越费劲。这样，当然就不会有夸克逃离核子而独自存在的可能了。

这一整套夸克理论是严格仿照量子电动力学建立起来的，被称为量子色动力学，简称 QCD。从一个核子泄漏出来的夸克之间的这种胶力会对邻近的核子产生相对说来不大的影响，然而正是这种影响得以把原子核牢牢地聚在一起。这种“强”核力能够抗住质子在原子核尺度的巨大电性排斥力，然而，本来的色力却比强核力还要大得多。

在量子世界另外还真有一种相互作用能够影响到粒子的行为，它起作用的方式特别能够说明物理学家为什么更喜欢使用术语“相互作用”，而不是“力”，这就是弱相互作用。已经知道，弱相互作用也是仅在原子核和核子的尺度内起作用的。它的最重要的一种性质，是能够导致某些涉及放射性衰变的过程的发生。最明显的一个例子，就是一种被称为β衰变的过程，在该衰变过程中，一个中子转变为一个质子。

这种过程所以叫作β衰变，与这种类型的放射性是在 19 世纪即将结束之际被首次发现有关系。当时，科学家把这类放射性所发出的辐射叫作β射线（那时，已经有另一种辐射先被命名为α射线）；只是后来人们才知道，β射线其实就是做高速运动的电子流。

在β衰变中，一个中子（或者独自位于空间中，或者位于一个原子核的内部）会分出一个电子和一个被称为中微子的粒子，而自己则转变为一个质子。特别要提醒的是，不要误以为有某个时候这个电子和这个中微子曾经存在于那个中子的“内部”，那种想法是毫无意义的。真实的情况是，中子原有的质能被重新分配，变成了一个质子的质能再加上一个电子和一个中微子的质能。中子是通过喷射出作为弱相互作用的“力的载体”的那种粒子（来自组成中子的一个夸克）来完成这种转变的，而这种粒子则相当于 QED 中的光子和 QCD 中的胶子。这种粒子带有一个单位的负电荷，名称听起来也很怪，叫作中间矢量玻色子。这样一个玻色子的能量迅速转变成为一个中微子和一个电子的质能。电子带有单位负电荷，为了保持平衡，那么留下来的中子现在就带有一个单位的正电荷，于是就变成了一个质子。与此对应，另外还有一种玻色子，它带有一个单位的正电荷；再有一种玻色子，则像光子那样根本不带电荷。这后两种玻色子参与的是其他种类的弱相互作用。

所有这三种玻色子全都是于1983年在欧洲原子核研究委员会的实验中被发现的，那正好是在QCD于20世纪70年代取得了全面胜利之后，当时的QCD已经是科学家所公认的描述量子世界的标准模型。现在，地球上的任何事物都可以利用夸克、电子和与它们相联系的中微子，再加上四种相互作用来加以说明。这四种相互作用是引力、电磁力、弱核相互作用，以及作为强核相互作用的基础的胶力。

知识点

放射性衰变

放射性衰变是指放射性核素自发放射出α粒子（即氦核）或β粒子（即电子）或γ光子，而转变成另一种核素的现象。放射出α粒子的衰变称“α衰变”；放射出β粒子的衰变称“β衰变”；放射出γ光子的衰变称“γ衰变”。放射性衰变通常还包括同质异能跃迁、自发裂变等。

延伸阅读

量子场论中最成熟的分支——量子电动力学

量子电动力学是量子场论中最成熟的一个分支，它研究的对象是电磁相互作用的量子性质（即光子的发射和吸收）、带电粒子的产生和湮没、带电粒子间的散射、带电粒子与光子间的散射等等。它概括了原子物理、分子物理、固体物理、核物理和粒子物理各个领域中的电磁相互作用的基本原理。1925年量子力学创立之后不久，狄拉克于1927年，海森堡和泡利于1929年相继提出了辐射的量子理论，辐射量子理论奠定了量子电动力学的理论基础。此后，在量子力学范围内，可以把带电粒子与电磁场相互作用当作微扰，来处理光的吸收和受激发射问题，但却不能处理光的自发射问题。因为如果把电磁场作为经典场看待，在发射光子以前根本不存在辐射场。原子中处于激发态的电子是量子力学中的定态，没有辐射场作为微扰，它就不会发生跃迁。

第一个基本粒子——电子

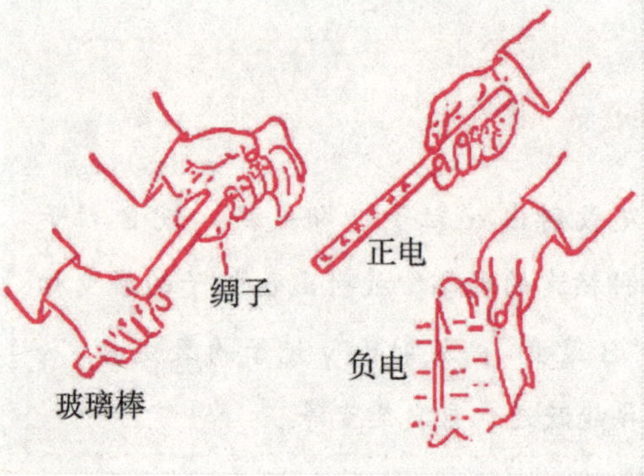

摩擦生电

我们只要把塑料笔管在头皮上轻擦几下，就能吸起纸屑。像这种摩擦生电的现象，古代人就知道。在希腊文里，“电”的意思是琥珀，因为琥珀与毛皮摩擦以后就有了吸引力的事早就有记载。在许多不同材料的物体上看到电现象，使人们自然而然地想到，电不是材料本身的固有属性，而是一种流动的东西，它在物体相互摩擦时产生出来或者移动位置，然后散发出去吸引附近的物体。人们进一步认识到，不管电是什么，看来它可以同产生它的物体分开，而且，带电物体之间既可以互相吸引，也可以互相排斥。18 世纪 30 年代前后，人们把电明确地分为两种类型：一种叫玻璃型电，指玻璃与丝绸摩擦后带的电；另一种叫树胶型电，指琥珀与毛皮摩擦后带的电。

18 世纪中叶，美国物理学家富兰克林把玻璃型电叫作正电，把树胶型电叫作负电，把物体上的电的总和叫作这个物体的电荷。他还发现了电荷守恒定律：任何时候电既不能产生也不能消灭，只能转移。所以玻璃棒与丝绸摩擦后，棒上的正电与丝绸上的负电在数值上正好相等，正与负平衡，总电荷代数和仍然为零。富兰克林所做的最著名的一个实验，是用风筝探测天电的实验。1752 年 7 月的一个雷雨天，他和儿子一起到费城郊外放风筝。风筝是一个上面装有吸引雷电的细铁丝的特殊风筝，在风筝牵引线的末端系有丝绸带，连接处拴有一把钥匙。在一次闪电时，在钥匙与他的手指之间闪出了一串电火花。受到雷击的富兰克林不仅没理会疼痛，反倒对着儿子兴奋地喊道："我受到电击了！这可以证明，雷闪就是电。"他的这次勇敢的实验，揭开了雷电现象的神秘面纱，使人们认清了天电和地电的相同本质。

富兰克林

人们最早知道的而且规模也是最大的放电现象当然是闪电。由于闪电的发生没有规则，而且无法控制，所以人们在探索电的过程中，就特意寻找比较容易控制的放电现象。因此，对稀薄气体的放电现象的研究，从 18 世纪初就受到了人们的重视。很多人都注意到，当把一个玻璃容器的空气抽走，让气体降到正常气压的 1/60 时，再把它与一个电源连接起来，就可以看到容器里出现奇异的闪光。当时人们不理解这种发光的本质，现在我们知道这是电导致的发光现象。因为电流通过气体时，定向运动着的电子与气体原子碰撞，电子便把一部分能量传递给了原子，然后这部分能量便被原子以光的形式再放射出来。这种现象在电学史上的重要性不在于放电发出的光，而在于放电的电流。为什么这样说呢？因为只有通过这样的方式才能发现电流的本质。我们知道，当电集中在琥珀棒上，或者电流

富兰克林在触碰风筝上的钥匙

通过铜导线时，电的性质与琥珀棒或铜导线这些物质的性质混杂在一起，无法单独观察电子的个性。即使在今天，也不可能用比较琥珀棒带电前后的重量的方法，去测量一定数量的电子的重量（严格说是质量）。因为电子的重量与琥珀棒的重量相差十分悬殊，到了完全可以忽略不计的程度。因此，必须设法把电子同携带它们的物体完全分开。可见，对气体中放电现象的研究，是朝着这个正确方向迈出的一大步。不过，在1/60大气压下，容器中剩余的空气还太多，对电流的干扰还太大，仍然妨碍观察电的性质。只有把空气抽干净，让电子流在真空中不受阻挡地穿行，才可能观察到实际情况。因此，真空技术的提高，是问题的关键。

1858年，德国的玻璃吹制工人盖斯勒，利用托里拆利真空原理制造了水银真空泵。他的真空泵，能够把玻璃管内的气压抽到正常气压的万分之一，相当于0.1毫米汞柱以下。在此后大约30年里，德国科学家普鲁克、英国科学家克鲁克斯等人，利用盖斯勒真空泵做了极低压强下气体电传导的一系列实验。在这些装置中，玻璃管内安放了两块金属板，用导线把它们连接在一个强电源上，接电源正极的板称为阳极，接电源负极的板称为阴极。他们都发现了这样的异常现象：当玻璃管中的气压降到0.5毫米汞柱时，在阴极附近就出现一段不发光的暗区，并且暗区随气压的降低而扩大。当气压降到0.01毫米汞柱以下时，则全管变暗，不再放辉光，而在阴极附近的玻璃管壁上却出现绿色的辉光点，辉光似乎与阳极无关，好像有什么东西从阴极跑出来，撞在玻璃管壁上。由于这种东西是从阴极飞射出来的，所以把它们叫作“阴极射线”，而把这种可以放电的玻璃管叫作“阴极射线管”。

物理学家伦琴

阴极射线究竟是什么东西？是光呢？是原子、分子呢？还是阴极电源板上剥落的碎屑呢？它带电还是不带电？这一系列问题，激起了各国科学家深入研究的兴趣，导致了19世纪末接二连三的重大发现。例如，1895年发现X射线的德国物理学家伦琴，1896年发现放射性的法国物理学家贝克勒尔，都因研究阴极射线而获得了意外的成功。在对阴极射线进行的长达近30年的研究中，许许多多科学家先后做了大量实验，唯有英国物理学家汤姆生捷足先登，其中必有给人以启迪的经验。

对阴极射线，汤姆生在1881年是这样猜测的："在真空管中的阴极射线是带负电的微粒子，玻璃发光的原因是由于这种微粒子以极大的动能冲击管壁而引起的。"根据这种猜想，他做了大量的实验。1897年，汤姆生终于证实了阴极射线果然带负电，并且测定了它的飞行速度和比荷（就是粒子所带电荷的量与粒子质量的比值 e/m）。

汤姆生发现电子

汤姆生之所以大胆地做出了发现阴极射线粒子这个结论，除了实验上测得的比荷给了他启示之外，一个重要的原因是，他继承了从留基伯、德谟克利特到道尔顿的原子论传统，有先见之明地用基本粒子的语言来解释他的发现。事实上，当汤姆生测量比荷时，德国物理学家考夫曼也在做类似的实验，而且得到了更为精确的结果。由于考夫曼受到马赫及其学派的哲学思想的影响，所以并不认为自己发现了一种基本粒子。因为马赫认为，跟假设的、不能直接看到的像原子那样的东西打交道是不科学的。

"电子"这个名称，是1874年英国人斯托内为最小的基本电荷起的名字。汤姆生开始把他发现的粒子叫作"微粒"，并按斯托内的叫法，把微粒所带的电荷叫作"电子"，后来，人们习惯于把这种粒子本身叫作电子。汤姆生因发现电子而荣获1906年诺贝尔物理学奖。

电子，这个人类认识的第一个基本粒子，不仅打破了道尔顿的"不可分"的原子，而且打破了物质结构的"终极"观念，把科学研究引上了一条出人意料的道路。于是，在20世纪前夕，科学家们面临着一个完全陌生而又非常奇特的世界——微观粒子世界。

知识点

电荷

电荷量是原子或电子等所带的电量，通常将“带电粒子”称为电荷，但电荷本身并非“粒子”，只是将它想象成粒子以方便描述。正电荷表示带正电（表示符号为“+”），负电荷表示带负电（表示符号为“-”）。同种电荷相互排斥，异种电荷相互吸引。

延伸阅读

电子的得失

当最外层电子数为8，最内层电子数为2时，该原子就形成为相对稳定结构了（氦除外，氦的电子数为2，但也是相对稳定结构），不易发生化学反应。稀有气体一般都为相对稳定结构，所以不易发生化学反应；而非稀有气体能够通过化学变化成为相对稳定结构。金属元素的最外层电子数一般少于4，易失电子；而非金属元素的最外层电子数一般多于4，易得电子。例如，氯的最外层电子数是7，易得1个电子；钠的最外层电子数为1，易失去一个电子，氯和钠发生化学反应时，钠将最外层电子给了氯，此时钠和氯的电子电荷数都不等于原子核的电荷数了，钠由于丢了一个电子就带了一个正电荷了，而氯由于得了一个电子，就带了一个负电荷，此时的氯和钠都不能算是原子了，只能说是氯离子和钠离子了，正负相吸，氯和钠就将吸在一起，形成氯化钠，大多数的化合物都是这样结合的。

不断运动的粒子

粒子的运动本质上是非连续的、随机的。从粒子的角度看，它具有一种处于任何可能位置的倾向性。粒子在一个时刻处于空间中的一个位置，而在另一时刻它会随机出现在另一个很可能不相邻的位置。这样，粒子可以从一个位置直接跳到另一个位置，而不必经过中间位置。

粒子像一个生命体一样总是不停地在运动着。它到处游荡，好像有自己的意志。通常被认为是惰性的物体竟然是有活性的！

粒子在每个时刻只处于空间中的一个位置，而在包含无穷多时刻的一段时间内，粒子的位置将在时空中形成一个点集，其中每个点代表粒子在每个时刻所处的位置。由于粒子运动的本质随机性，这个点集是非连续的，并且通常遍及整个空间。很明显，点集中每个位置处的点密度表示粒子在那个位置处出现的相对频率。粒子在某个位置出现得越频繁，这个位置的点密度就越大。

如果时间间隙非常小甚至无穷小，上述非连续点集将精确表示粒子的运动状态。利用法国数学家勒贝格建立的测度理论，这个点集可以在数学上严格地描述。它的完全描述为位置测度密度和位置测度流密度。前者描述点集的点分布密度，后者描述这种密度分布随时间的变化率。

粒子运动的直观图像是：表征运动状态的点集在空间中延展，像一朵云。作为一种简明而形象的描述，可以将这种点集称为粒子云。考虑到粒子在一段时间内的运动图像，它不再是通常认为的局域的粒子，而是一朵非局域的粒子云。严格地说，这朵云由粒子在无穷小时间间隙内的非连续运动所形成，云中的点代表粒子的时刻位置。因此，粒子云可以形象地表征粒子的运动状态。尤其是，粒子云的密度正好表征了粒子出现的频率。粒子在某个区域出现得越频繁，粒子云在那个区域的密度就越大。例如，在下图中，球形粒子云的中心密

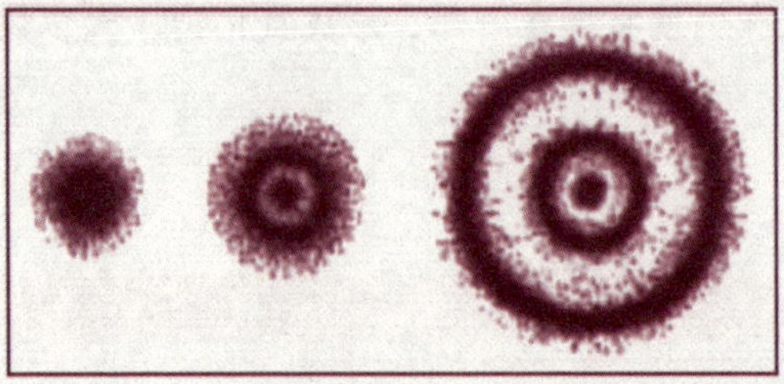

球形和环形粒子云

度最大，而粒子在此中心处出现得也最频繁。

那么，最简单的粒子云是什么样的呢？可以设想，这种云将在全空间中具有均匀的密度分布。这意味着粒子跳跃到每个空间位置的倾向都一样，从而粒子出现在每个位置的频率都相同。因此，这种云的确是最自然、最简单的粒子运动状态。为简明起见，我们称之为基本粒子云或基云。

基云可以具有运动速度，并且其速度也可以为外力（或相互作用）所改变。这类似于（虚构的）牛顿世界中力改变速度的情况，在那里，经典粒子的连续运动速度可以为外力所改变。对于真实的非连续运动，粒子没有连续的轨迹，因而也没有速度，但对于粒子云速度却可以严格定义。

对于具有非零速度的基云，它的密度在整个空间中仍然处处相同，但整个粒子云（不是粒子）以一定的速度在运动。由于基云的运动不会导致其密度分布的任何变化，它看起来是不动的。这非常类似于稳流的情况：恒速流动的水流看来是静止的，但是一旦你将脚踏进去，你就会立刻感觉到它的运动。实际上，基云的每个部分都以同样的速度在运动。在物理学中，基云的运动也可以用另一个量——动量来描述。动量定义为粒子的质量与基云速度的乘积。

现在来看一看一般的粒子云。它们通常具有非均匀的密度分布，并且粒子云的不同部分一般具有不同的运动速度。因此，它们的形状将随运动不断变化，并且粒子云还会不断扩散开来。粒子云的局部运动可以用流密度来描述，它等于密度与局部速度的乘积。密度分布和

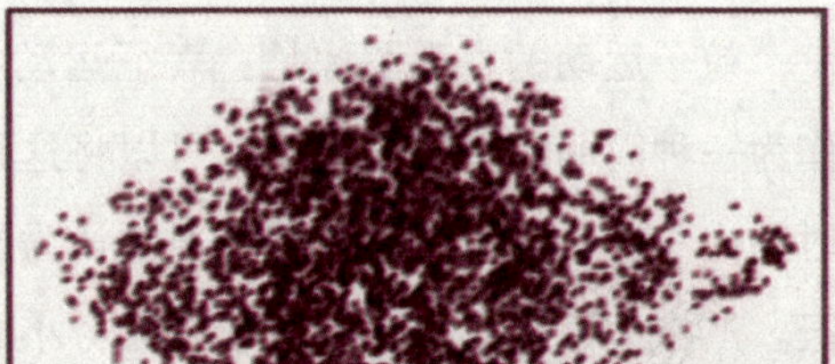

一般粒子云

流密度分布提供了对粒子云的完备描述。这非常类似于流体力学中的流，如水流和气流的描述。

尽管微观粒子非常小，由它们的运动所形成的粒子云却可以具有宏观尺寸。例如，来自遥远恒星的光子云像一个很宽很薄的圆盘。它的宽度可以从几厘米到几千米不等，尽管它的厚度比肥皂泡的厚度还薄。相比之下，来自太阳的光子云的宽度只有毫米量级。当这种光子云通过一片玻璃，它通常会被分成两个分支：透射分支和反射分支，而光子也将在两个分离的分支中随机地跳跃。这就是光的部分反射过程，它曾经让伟大的牛顿迷惑不解。

此外，当粒子云的尺寸大于双缝之间的宽度时，粒子可以很容易地同时通过双缝。200 多年前，英国科学家托马斯·扬的双缝实验决定性地证实了光的波动性质。

对于粒子假想的连续运动，当选择适当的参考系时总存在一个静止的状态。而对于粒子真实的非连续运动，根本不存在粒子的静止状态，因为粒子总是以随机、非连续的方式跳来跳去。但是，对于粒子运动仍然存在静止态，它们是不随时间变化的粒子运动状态。具体地说，粒子云在空间中是静止的，其密度分布不随时间变化。这样的状态通常也被称为定态。由于粒子云在演化过程中倾向于向更大的空间扩散，定态一般需要由外力来束缚。这是与牛顿的经典世界本质不同的情况。

来看看氢原子。在氢原子中，由于电子进行非连续运动，它可以处于一种稳定的运动状态，而不会像经典世界中那样很快落入原子核中。电子的这种稳定状态（或定态）就是一种静态的电子云。这些电子云具有形状各不相同的密度图案，对应于电子具有不同的分立能量。电子云的密度表示电子出现的频率，电子云越稠密的地方电子在那里出现的频率就越大。“电子云”这一名称早已出现在教科书中，并且为物理学家和化学家所广泛采用，但它的意义与这里的有本质的不同。教科书中所说的电子云只是一种非真实的概（几）率云。

总之，在微观世界中，粒子不再是通常所认为的局域的粒子，而是一朵非局域的粒子云。

知识点

密　度

在物理学中，把某种物质单位体积的质量叫作这种物质的密度。符号 ρ，其数学表达式为 $\rho = m/V$。在国际单位制中，质量的主单位是千克，体积的主单位是立方米，于是取1立方米物质的质量作为物质的密度。对于非均匀物质则称为“平均密度”。密度是物质的一种特性，不随质量和体积的变化而变化，只随物态变化而变化

延伸阅读

粒子之间的作用

粒子之间存在着相互作用，有强相互作用、电磁相互作用、弱相互作用和引力相互作用，其中引力相互作用非常弱，可以忽略。通过这些相互作用，产生新粒子或发生粒子衰变等粒子转化现象。按照参与相互作用的性质将粒子分成以下几类：①规范粒子。即传递相互作用的媒介粒子，已发现的有传递电磁作用的光子和传递弱相互作用的W、Z粒子。②轻子。不直接参与强相互作用可直接参与电磁作用和弱相互作用的粒子，已发现的有电子、μ子、τ子和相伴的电子中微子、μ子中微子、τ子中微子及它们的反粒子共十二种。③强子。直接参与强相互作用，也参与电磁作用和弱相互作用的粒子。强子的数目众多，其中大部分是通过强相互作用衰变的粒子，其寿命极短，是不稳定的粒子。

反粒子构成反物质

发现号航天飞机升空

1998 年 6 月 2 日，美国肯尼迪航天中心，发现号航天飞机升空，开始了一次神奇而重要的太空之旅。这次发射之所以格外引人注目，是因为发现号肩负有一项重大的科学使命，即把阿尔法磁谱仪（简称 AMS）送往太空。AMS 实验，是荣获 1976 年诺贝尔物理学奖的美籍中国物理学家丁肇中领导的一个大型国际合作项目，有美国、中国和俄罗斯等 10 多个国家和地区的 37 个科研机构参加。这个项目的基本目标是在宇宙空间寻找反物质和暗物质（即用光学方法探测不到的物质），并对宇宙线中许多重要的同位素的丰度（或叫相对含量）进行精确测量。此次升空的 AMS 实验装置是一台重达 3 吨的宇宙探测器，在太空中运行 10 天，以检测仪器的性能并获取初步的结果。2011 年 5 月 16 日，奋进号航天飞机把它送到了由美国等国研制的阿尔法空间站上，计划在那里运行 3 ~ 5 年。

举世瞩目的 AMS 实验要做的第一件事就是寻找反物质。人们自然要问：反物质究竟是什么？能找得到吗？

在我们所熟悉的物质世界里，氢原子是最简单的原子，它只含有一个电子，它的核叫作质子，也是最简单的原子核。一个电子绕着一个质子旋转，这就是氢原子的图像。利用高能物理加速器，使反质子与氢原子核碰撞后，会产生电子的反粒子即正电子，一个正电子如果恰好与反质子束流中的一员相结合，即围绕一个反质子旋转，就会形成一个反氢原子。1995 年 9 月到 10 月间，在欧洲核子研究中心（简称 CERN）的反质子环形加速器上，实验物理学家获得了 9 个反氢原子，揭开了人类研制反物质的新篇章。

英国物理学家狄拉克

人类对反粒子的科学预言，应追溯到 1928 年。这年，英国物理学家狄拉克发表了一个方程，这个方程将狭义相对论的要求与量子理论结合起来，以便能全面地描述电子，这就是相对论量子力学。狄拉克方程描述了电子的所有已知的东西，并做出了与所有实验结果相符的预言。它还做出了另一个预言，这一点连狄拉克本人也不能马上将它解释清楚。

狄拉克的方程并不只是解释了与电子有关的每一件事，而是起到了双重的作用。原因是这个方程有两个解。如今对此并没有什么好奇怪的。如果你见到方程 $x^2=4$，你会知道方程的解是 $x=2$，因为 $2\times2=4$。但实际上同样还有另一个解。因为两个负数相乘得出正数，同样有 $(-2)\times(-2)=4$，因此 -2 也是方程 $x^2=4$ 的一个解。如果你对数学稍有兴趣的话，会知道这种“负根”常在方程中出现，问题在于它们是否有实际的意义。狄拉克方程的第二个解，描述的粒子与电子完全相同，只是具有负能量。很多人很可能因此将它视为毫无意义而将其舍去。而狄拉克的天才却引导他去思索“如果”——如果这些具有负能量的电子真的存在将会怎样？

在这个问题上隐含的最大困难是，如果允许电子具有负能量，那首先想到的就是似乎所有的电子都应该具有负能量。就像水要往低处流一样，任何物理系统都在寻找可能的最低的能级。如果电子有“负能级”，那么很明显，即使是其中最高的能级也应该比最低的正能级低，于是所有电子都会跌入负能级，并辐射出电磁能的光辉。狄拉克进一步解释道，假定所有负能级都已被填满，就像大海已灌满了水那样。虽然水往低处流，一直流到底，如果原来那里没有海的话，现在已经是海了。但现实世界中河水往下流，也只能流到海的顶部，海已经被填满了，就不能再往里流了。同样的道理，如果所有负能量“海”都已经被填满了电子，其他电子就只能待在正能级上面了。负能量电子海可能根本无法探测，或者根本见不到。因为它到处都是一个样子。

然而，此时狄拉克更进了一步。在日常世界里，一个处于低能量态的物体，可以通过注入能量而被踢到较高的能量态——也许是确确实实地踢，像一个球被踢到楼梯的较高的台阶上一样。但如果负能量电子海在各处并不完全相同又会怎样呢？假设某种能量的相互作用——也许是太空宇宙线的到达，而将能量传递给了负能量海中不可见的某个电子，并将它踢到具有正能量的某个状态，这会怎样呢？这时，这个电子就像普通电子一样能被物理学家探测到（即“可见”）。但是它会在负能量海中留下一个“空穴”。电子带负电荷，因此，正如狄拉克在20世纪20年代末指出的那样，负电荷海中的“空穴”，其行为会和带正电荷的粒子一样（缺少负的就等同于存在正的）。如果这个空穴靠近一个可探测的可见电子，就会向这个电子靠拢，而“海”中的负能量电子因互相排斥而依次跳进空穴，当临近空穴的一个不可探测电子跳进时，原来的空穴就会被填充，而在这个不可见电子的原来位置上留下一个空穴。结果空穴就像一个带正电荷的粒子那样，将向这个可见的电子移动。

从狄拉克方程的表面意义来看，理所当然的，这个空穴唯一的物理意义就是除了带有正电荷这一点之外，它就是一个与电子极为相似的粒子。不过，在1928年，物理学家只知道两种粒子，即电子（带负电荷）和质子（质量相当大，带有与电子的负电荷等值的正电荷），甚至连中子也还未曾发现。因此狄拉克在他的论文中提出，负能量电子海中的空穴或许等同于质子。这实在毫无意义，以至于最初并没有人确切知道，对负能量电子海这个概念以及它的空穴该如何理解。后来，在1932年，美国的安德森在宇宙线（宇宙线是从太空来到地球的粒子）实验中，发现了与电子的行为恰好相同却带有正电荷的粒子的踪迹。他得出结论，这种新粒子是电子的带正电荷的配对物，并命名为正电子（已知反物质的一例）。正电子的性质恰好与狄拉克的空穴的性质相符。同年，查德威克在英国发现了中子。

几乎是一下子，物理学家所知道的独立粒子的种类多了一倍，从两种到四种，他们对物理世界的看法也有了转变。从诺贝尔评奖委员会对此事做出反应的速度，就可以了解这些发现对物理学界所产生的影响。1933 年，狄拉克获得诺贝尔物理学奖（无论如何他应得此殊荣，因为对正电子成功的“预言”是决定性的）。1936 年安德森获奖。

从那以后，大量其他的亚原子粒子被发现，并且每一种都有各自的反物质配对物。对所有这一切的解释都是建立在空穴理论基础上的。对于一个粒子（比如电子）遇到与它配对的反粒子（此时是正电子）后湮灭而化为乌有，只留下一股能量，这种能量是怎样释放的，这一理论仍能提供一幅最好的思路图。电子跌入正电子空穴，同时释放能量，电子和空穴二者都简单地消失在日常世界中，彼此消灭掉了。或者说，如果能获得能量（也许从有能量的光子那里获得），一个负能量海中不可见电子就可从它自己的空穴中被踢出去而变为可见的，这个电子连同它所留下的空穴，就成了一个正—负电子对。

正电子的发现，是 20 世纪物理学最重大的发现之一。它第一次通过实验证实了自然界确实有反粒子存在，也第一次通过实验证实了粒子可以产生，也可以湮灭和转化的规律。这些使狄拉克的电子理论终于为物理学家所接受，从而奠定了现代物理学一个重要方面的理论基础。

1934 年，泡利和韦斯科夫论证了有关反粒子的理论。这个论证使人们懂得了每一类粒子都有相应的反粒子，正、反粒子的质量相同、电荷相反，并具有其他相似的物理守恒量。除了正电子以外的其他反粒子是否也真的存在，必须靠实验来回答。1955 年，钱伯林和西格雷在美国伯克利的加速器实验中发现了反质子。1957 年，西格雷等人又观察到了反中子。之后，各种粒子的反粒子相继被发现，一系列反粒子构成了粒子世界的另一半。

事实上，我们周围的物质世界是由质子、中子和电子组成的原子构成的，那么，反质子、反中子和正电子能否组成反原子而成为反物质呢？从原则上讲，这是可以的，因为一对粒子之间的作用力，与一对相应的反粒子之间的作用力完全相等。但从实验上看，几乎不可能在地球上乃至宇宙中找到天然的反元素，于是只好借助加速器来人工制造反核素和反元素。人工造出的第一个反核素是由一个反质子和一个反中子组成的反氘核，产地是美国布鲁克海文实验室。显然，反氘核应填在“反核素周期表”的第一个位子上。第二个反核素是反氦核，在苏联的塞普霍夫加速器上获得了5个反氦核。把正电子与这些反核素相结合，就能得到反元素，例如前面说的反氢原子。

上面说到，在我们所能观察的宇宙空间，至今尚未发现天然的反元素，当然更没有发现由反元素组成的反物质的区域。这种结论来自于多方面的观测和推算的结果。仅以宇宙线探测为例，因为脉冲星和超新星等天体是宇宙线的产生之源，宇宙线在射向地球的路径上只经过极为稀疏的星际介质空间，它们的成分是不会有显著改变的。因此，宇宙线中的反物质成分就反映出发源地的情况。通过这种方法来推算的结果是，星系中的反物质含量不超过物质含量的1%，甚至低到百万分之一以下。此时，自然有人会问：既然有一种粒子就有一种反粒子，而且反粒子同样能构成反元素，那么为什么宇宙里的物质与反物质却如此不对称呢？这个问题，多年来一直是粒子物理和宇宙学的研究热点。把它可以归结为一个叫作“重子（质量大的粒子例如质子、中子等粒子的统称）数起源”的问题。大爆炸宇宙学做了一个重要假设：在宇宙初期，重子数略多于反重子数。由于重子数不守恒，才使得如今的宇宙中只有正粒子而极少有反粒子。这方面的一些理论尝试，例如大统一理论等，虽然经过了数十年的研究，但至今仍未获得成功。

还有一种观点认为，是因为我们人类的视野还不够宽阔，以致未能发现宇宙中十分遥远的某个地方的反物质世界，才使我们产生物质与反物质不对称的感觉。近年的实验观测资料，对有这种看法的人是个鼓励。1997年，在美国举行的第四届康普顿研讨会上，美国西北大学物理天文系科学家普塞尔，代表该系和美国海军研究实验室等5个机构的研究人员，向天文界和新闻媒体宣布，他们发现了一个离银河系中心3000光年处迸发出反物质的喷泉。从1996年11月以来，他们便通过美国国家航空航天局的康普顿卫星，观测到了银河系中心附近因正反物质湮灭而释放出来的强γ射线，它的辐射强度是普通光子的25万倍。这一最新成果，为宇宙中星系的形成和演化以及反物质的研究，提供了全新的参考资料。

知识点

亚原子粒子

亚原子粒子又称次原子粒子，指结构比原子更小的粒子。其中包括原子的组成部分，如电子、质子和中子；放射和散射所造成的粒子，如光子、中微子和渺子；许多其他奇特的粒子。总的来说，次原子粒子可能是电子、中子、质子、介子、夸克、胶子、光子等等。

延伸阅读

大统一理论

地球上的物体不管形状、大小如何，最终总要乖乖地落到地面上，原因是什么？天空中地球围绕太阳转、月亮围着地球转，原因又是什么？科学家牛顿经过艰苦的思索和研究，找出了统一的理论——万有引力。不论是地球上的物体，还是天空中的天体，都可以用万有引力来解释它们的运动。关于热现象，人们总结出热学理论；关于电磁现象，人们也总结出电磁场理论。物理学的各部分内容就是总结各种不同运动形式的规律和理论。这些规律之间能不能再总结出更基本的规律、解释更广泛的内容，这就是物理学家要“制造”大统一理论的初衷。

爱因斯坦在提出相对论以后，就致力于寻找一种统一的理论来解释所有相互作用，也就是解释一切物理现象。这一工作几乎耗尽了他后半生的精力，以至于一些史学家断言这是爱因斯坦的一大失误。直到 1955 年爱因斯坦离世，他也没有找到他设想中的大统一理论。虽然大统一理论没有被找到，可是建立统一理论的思想却始终吸引着成千上万的物理学家，他们希望有朝一日能够实现梦想，找到这种大统一理论。

中微子确实存在

20 世纪 20 年代，研究原子核放射现象的物理学家发现，在 β 衰变（中子变成质子和电子）过程中，衰变后粒子能量的总和小于衰变前的总能量，即出现能量不守恒的现象。这种现象迷惑了当时的不少物理学家。有些人，包括人称原子物理学之父的玻尔，也对能量守恒这个物理学的基本定律表示怀疑，认为这个定律至少在这种稀有的情况下可能不成立。

在人们对 β 衰变过程中的能量不守恒现象表示困惑的时候，被人们誉为“思想巨人”的物理学家泡利，提出了中微子假说。考虑到在 β 衰变过程中电荷是守恒的，他认为或许有一种不带电的粒子，随同电子一起被放射出来，那么能量就没有减少。在 1931 年美国的帕萨迪纳会议上，泡利又重申了他的新粒子假说。在泡利的中微子假说的基础上，美国物理学家费米提出了划时代的 β 衰变理论。加上中微子这个新粒子以后，费米算出的 β 衰变能谱与实验十分吻合。根据计算结果，费米认为中微子的质量应该为零，或者比电子的质量还要小得多。大家知道，电子的质量本来就很小，大约是质子的二千分之一，可见中微子即使有质量，也微乎其微。

物理学家泡利

如何验证中微子这个莫名其妙的粒子的存在？当时这个问题很不容易回

答，连泡利本人也心中无数。泡利觉得，这个新粒子，也许永远不会被观察到，他的这个假说永远只能是假说。泡利没有低估寻找中微子的困难是有道理的。事实上，由于中微子是一种穿透能力极强的不带电的粒子，它们不像电子和光子那样与电磁力有关，而只受原子核衰变中的一种比电磁力弱得多的新型的力（称为弱力）支配。由于由弱力引起的核反应的概率很小，所以中微子像个性格极其孤僻的人，在同人交往方面很不活跃一样，它很少与物质发生反应。以太阳内部向外辐射的高能光子和中微子做比较，高能光子因受电磁力作用，在与物质起反应方面非常活跃，跟这个碰一下，跟那个撞一下，这样一路上磕磕碰碰地出来，即使有幸能飞出太阳到达地球，也需要上百万年的时间；而中微子却是另一副模样，它冷若冰霜，独来独往，谁也不搭理，径直飞到地面只需要 8 分钟。不仅如此，中微子穿过地球时，也照样畅通无阻。假如有 1000 个中微子穿过地球，也只有 1 个中微子会与地球物质发生相互作用。可见，要想在实验上探测到中微子的确很难。直到 1952 年，罗德拜克等人才首次找到中微子存在的实验证据。1953 年，美国物理学家莱因斯和柯万一起取得了开拓性的成就，他们探测到了原子反应堆上的质子因吸收反中微子而蜕变为中子和正电子的现象，才确认了反中微子的存在。1956 年，柯万等人又在实验中发现了中微子。显然，这里指的都是与电子关系密切的电子型中微子（符号为 ν_e）。因为发现中微子，莱因斯与发现 τ 轻子（当初把质量轻的粒子叫作轻子。τ 轻子的质量很重，又称重轻子）的佩尔分享了 1995 年诺贝尔物理学奖。

到了 1962 年，对中微子的研究有了新突破。美国哥伦比亚大学的莱德曼等人，在布鲁克海文国家实验室里，用质子束轰击铍靶而产生 π 介子。π 介子在飞行中衰变为 μ 子（除了质量大得多之外，其他性质都像电子）和中微子。他们使这些粒子流通过铁，让大部分 μ 子被铁吸收掉，从而获取很纯的中微子；再将中微子注入火花室，以便观察新生的 μ 子或其他轻子。他们的观察结果表明，π 介子衰变成 μ 子所伴随的中微子（ν_μ）与 β 衰变所产生的中微子是两种不同的中微子。不同类型的中微子的发现，开始形成了轻子的“代”的概念。这好比发现了人的不同肤色之后，于是有了“黑人”、“白人”和

“黄种人”的叫法一样。中微子有不同类型这一发现，使得莱德曼等三人获得了 1988 年诺贝尔物理学奖。

1975 年，佩尔等人的实验发现了重轻子（即 τ 轻子）。像 μ 子一样，τ 轻子的各种性质都很像电子，只是非常重，所以取了个矛盾的名字——重轻子。人们普遍认为，参与 τ 轻子过程的中微子是第三种中微子，即 τ 子型中微子（ν_τ）。不过，迄今为止，尚未得到它的直接证据，即用 τ 子型中微子产生 τ 轻子的实验尚未实现。

不论是当初的理论还是最近的理论，都是把中微子当作像光子那样没有静止质量的粒子来处理的。用这样的理论来计算各种物理过程时，算得的结果都与实验符合得极好。然而，有些自然现象却表明，中微子可能有微小的质量。例如，中微子与宇宙中的暗物质（不能发光也不能反射光，即没有光学效应的物质，仅凭它们对可见星系的引力效应来间接地证明它们的存在）密切相关。大爆炸宇宙模型预言，这种暗物质的质量占整个宇宙质量的 90%，而且预言暗物质中的 30% 可能是带质量的中微子。宇宙学还预言，“大爆炸”遗留下来的中微子，大约和光子一样多，相当于质子和中子总数的 10 亿倍甚至 100 亿倍。尽管单个中微子的质量很小，但只要它们的质量不为零，再小也能提供一个足够庞大的总质量值，因为宇宙的体积非常大，中微子的数量又极其多。可见，中微子到底有没有质量，是事关宇宙质量来源的一大奥秘，也是物理学中最重要的一大问题。

正是这种探索奥秘的兴趣和动力，激励着一代代的科学家去研究中微子的质量问题。这种虚无缥缈的粒子，来无影去无踪，要想称量它们究竟有多重，显然是件难事。数十年来，粒子物理的实验家们通过无数次实验来探测，至今仍未得到十分肯定的结果。这里以日本超级神冈实验为例，来看看科学家是怎样以无限的耐心来做这件事的。

超级神冈实验，是日本和美国合作的中微子和质子衰变实验。实验场地设在日本神冈矿下 1000 米深的山洞里。通常，都是把这些大型中微子探测器安装在很深的地下或水下，为的是避开那些添乱的宇宙线的干扰。再者，由于中微子的反应概率很小，所以用来当“靶子”的物质的数量要多。超级神冈实验用的水切伦科夫探测器，是由 5 万吨纯水和 13000 多根光电倍增管构成的。这个实验主要是探测大气中微子，即电子型中微子和 μ 子型中微子。根据水罐周围安装的光电倍增管给出的光电信号，就能得到中微子的数量和质量情况。1998 年，超级神冈实验获得了中微子具有质量的证据，引起了全世界的关注。目前，这个实验正在努力提高实验的精度，试图给出可靠的证据。如果完全证实中微子有质量，那么对粒子物理、天体物理和宇宙学都将产生巨大的影响。

知识点

电磁力

电磁力是指电荷、电流在电磁场中所受力的总称。也有称载流导体在磁场中受的力为电磁力，而称静止电荷在静电场中受的力为静电力。在当今工程技术能够实现的条件下，可以产生强磁场和大电流，从而获得强大的磁力，但却难以获得大量的静电荷和强电场以产生强大的静电力。几乎所有的电动机都是靠磁力驱动的。而一些静电仪器、电子管器件、静电除尘装置等，则是以静电力来实现其功能的。

延伸阅读

中微子质量探寻

中微子是被发现了，但是仍然留下许多难以解释的谜。例如，让科学家们感到奇怪的是中微子数量不够，总是比预期的数量要少，而且这个“漏网”的数量还很大。为什么物理学家不能全部捕捉到中微子呢？另一个不可思议的问题是中微子的质量问题。质量是粒子的重要性质，在所发现的粒子中，物理学家都可以测出它们的质量，也不存在什么困难；唯有中微子的质量怎么也定不下来。

美籍华裔科学家、诺贝尔物理学奖获得者杨振宁和李政道经过理论分析，认为中微子的质量是零，即没有质量，所以，在真空中才以光速运动。但是，其他一些物理学家却持怀疑态度。他们不相信中微子的质量是零，认为所下的结论尚早，需科学实验加以验证。

到底中微子有没有质量呢？苏联和美国的物理学家进行了卓有成效的测定，他们测出了中微子的质量。但没有多久，别的科学家重复他们的实验时，测出来的质量数据又不一样，很像是零。因此，这一结论又陷入困境之中。

找寻物质结构的最小单元

人们最初以为基本粒子的质量特征与其他性质有密切联系，于是按质量大小给它们分为三类，并给每类取一个名称。后来人们发现，粒子的一些主要性质并不依赖质量，该划在轻子一类的粒子，竟比某些重子的质量还大。人们虽然还沿用原来的名称，但对老名称的字面意思已不以为然。

1964 年，美国物理学家盖尔曼和茨威格各自独立地提出了三夸克模型，认为重子和介子都是由夸克组成的。

美国物理学家盖尔曼

在夸克模型建立之初，只需要三种夸克即上夸克（u）、下夸克（d）和奇异夸克（s），就足以构造当时所发现的所有强子。到了 20 世纪 70 年代，物理学家通过理论和实验上的深入研究认为，应该有六种夸克，除了以前的三种外，还应有粲夸克（c）、底夸克（b）和顶夸克（t）。

从夸克模型一开始被提出来，实验物理学家就希望找到夸克，就像以前找到中子和 π 介子一样。然而，不论用什么样的加速器，也不论用多么高的能量，却总是找不到单个夸克。问题出在哪儿呢？寻找单个夸克的实验失败，使人们了解到夸克的一个新奇之点：夸克只能作为强子的组成部分存在于强子内部，它们本身却没有单独存在的自由。换句话说，夸克总是两个一起或3个一群地被囚禁在强子的“牢笼”之中。这是与构成原子和原子核的粒子大不相同的。

既然不能直接看到单个夸克，物理学家就根据高能粒子的相互作用及转化情况，来寻找夸克存在的证据，从而间接地发现夸克。1969年，美国斯坦福直线加速器中心，进行了考察质子和中子内部情况的第一批实验，用接近光速的电子轰击氢靶中的质子。实验数据证实了质子内部的小硬点，即美国物理学家费曼预言的“部分子”，带的电荷正好是夸克的分数电荷。这不仅验证了夸克的存在，也表明费曼说的“部分子”与夸克是一回事。1973年前后，欧洲核子研究中心，用高能中微子轰击质子的实验所获得的结果，与上述电子实验的结果一致。根据这些证据，再考虑到由上夸克、下夸克和奇异夸克的2夸克态或3夸克态构成的粒子，已在普通物质或宇宙线中多有发现，所以这三种夸克的存在至此已毋庸置疑。然而，对于粲夸克、底夸克和顶夸克，它们不会在普通物质里出现，只可能被束缚在高能物理实验所产生的某些粒子中。因此，寻找这三种夸克的过程是艰难而又漫长的。1974年，美国布鲁克海文实验室的丁肇中实验组和斯坦福实验室的里希特实验组，各自独立地发现了J/ψ粒子，即由一对正反粲夸克组成的介子，从而证实了粲夸克的存在。丁肇中和里希特因此分享了1976年诺贝尔物理学奖。1977年，美国费米实验室的莱德曼实验组发现了γ介子，即由一对正反底夸克组成的介子，从而表明了底夸克的存在。直到1994年4月，费米实验室才宣布，该实验室观察到了顶夸克存在的实验证据，为慎重起见，他们没有用“发现”一词。到了1995年3月，他们找到了更多的证据，于是宣布了发现顶夸克这一重大成果。尽管寻找夸克像大海捞针，物理学家还是凭着持之以恒的求索精神，历经21年，终于将三代夸克一一发现。

在一个世纪以前，第一代带电轻子即电子被发现了。过了大约40年，第二代带电轻子即μ子又被发现。还有第三代轻子吗？如果有，它们在哪儿呢？马丁·佩尔从1966年起，就全身心地投入到寻找新一代带电轻子的实验研究中。他参与了在美国斯坦福大学附近的正负电子对撞机“斯比尔”的设计和运行，他与他的同事把“斯比尔”看作是实现“捕捉重轻子之梦”的武器。在关于它的设计任务书中说：“‘斯比尔’就是为寻找新一代带电轻子而建造的。”1973 年“斯比尔”开始运行。1974 年，佩尔与他的同事就获取到正负电子湮灭后产生出来的 24 个反常事例。1975 年 6 月，他们第一次公布了实验结果。又经过两年的反复核查检验，佩尔等人确信第三种带电轻子是毫无疑义地存在的，并命名为 τ（希腊字母，意为第三）轻子。世界各国同行首肯了这一发现，并立即掀起了从理论和实验两方面研究 τ 轻子的热潮。马丁·佩尔获得了 1995 年诺贝尔物理学奖。

总之，现代观念认为，构成自然界各种物质的是十二种不同类型的“基本砖块”，即六种夸克和六种轻子。它们有引人注目的“代”特性，即夸克和轻子各自分为三代：上夸克与下夸克为第一代，粲夸克与奇异夸克为第二代，顶夸克和底夸克为第三代；电子和电子型中微子是第一代轻子，μ 子和 μ 子型中微子是第二代轻子，τ 轻子和 τ 子型中微子是第三代轻子。如今，三代粒子均被发现，它们是迄今为止被公认的物质结构的最小单元。

知识点

加速器

加速器是用人工方法把带电粒子加速到较高能量的装置。利用这种装置可以产生各种能量的电子、质子、氘核、α 粒子以及其他一些重离子。利用这些直接被加速的带电粒子与物质相作用，还可以产生多种带电的和不带电的次级粒子，像 γ 粒子、中子及多种介子、超子、反粒子等。加速器可用于原子核实验、放射性医学、放射性化学、放射性同位素的制造、非破坏性探伤等。加速器的种类很多，有回旋加速器、直线加速器、静电加速器、粒子加速器、倍压加速器等。

延伸阅读

夸克的观察实现方式——粒子对撞

粒子对撞可以模拟宇宙大爆炸最初的情况，并可能使人们第一次观察到夸克——胶子等离子体及解除夸克的禁闭。2003 年 6 月，美国“对撞试验”成功。这也是人类历史上第一次粒子对撞，同时也开创了原子物质研究的新纪元。此次实验是要在接近光速的情况下（光速的 99.95%），使金原子核对撞，从而产生高达 1 万亿摄氏度的高温。这个温度是太阳温度的 1 万倍。

在如此高温的条件下，原子核内的质子和中子将会融化为夸克等离子体。就如同水在不同高温下由固体变为液体，再由液体变为气体一样。“夸克”，是 20 世纪 60 年代物理界提出的一个概念。有些物理学家还认为，物质内部的质子和中子都是由夸克组成的，而夸克是由一种被称为胶子的粒子组成的。在这以前，物理学家还提出一种理论，认为在宇宙起源的第一个百万分之一秒里，整个宇宙都是由夸克和胶子的混合物组成的。而这次粒子对撞，也让人类第一次亲眼目睹了这样的景象。此次实验的目的是制造为时仅为百万兆分之一秒的夸克——胶子等离子体，随后该等离子体又变为普通的物质。

元素周期表的实质

1875 年，法国化学家巴波德朗发现了元素镓。于是，他在巴黎法国科学院院刊上发表了一篇论文，介绍了这个新元素的性质。时隔不久，巴波德朗意外地收到一封从俄国圣彼得堡寄来的信。信中说，镓是应当存在的，但密度应该是 5.9 克/厘米^3 到 6.0 克/厘米^3 之间，而不应该像他在论文中报告的那样是 4.7 克/厘米^3。他的测定镓的实验似乎太粗糙了。巴波德朗虽然对这封信感到莫名其妙，但还是重新检查了自己测定镓的实验。检查时，他发现自己用的镓盐含有杂质。在仔细地清除掉里面的杂质之后，他重新测量镓的密度。结果使他大为惊讶，镓的密度果然不是 4.7 克/厘米^3，竟是 5.96 克/厘米^3！作为镓的发现者，显然是第一个认识镓的人。可这次，新元素的发现者却不如一个从未见过这种元素的人！这个人是谁呢？他凭什么来预言未知元素的密度呢？

化学元素的概念是英国科学家波义耳在 1661 年提出的。到了 140 年后的 1801 年，人们相继用实验手段发现了氢、氮和氧等 28 种元素。随着原子论的建立，人们认识到一切已知物质都是由一定比例的不同元素的原子组成的。这大大促进了新元素的发现和原子量的测量。例如，瑞典化学家伯策利阿斯从 1803 年到 1829 年，先后发现了铈、硒、钍、硅、锆、锂、钒和一些镧系元素，并且对当时已知的 49 种元素中的 43 种元素，做了比较精确的原子量测定，还编制了原子量表。虽然新元素接二连三地被发现，但这些元素只是反映了一些孤立的、偶然的自然现象，人们无法预知任何新的东西。不同元素之间极不相同的性质，让科学家迷惑，同时也激起了他们的好奇心。为了探明元素之间的规律，许多化学家进行了元素分类的研究。例如，德莱纳的"三素组"方法是把性质相似的元素 3 个 3 个地分成组；纽兰兹的"八音律"方法，认为第八个元素总与第一个相似。这些方法，虽然在一定程度和不同角度上反映了元素之间的一些关系，但并没有揭示出各种元素的内在联系。

俄国化学家门捷列夫

俄国化学家、圣彼得堡大学教授门捷列夫，在前人研究的基础上，根据当时已发现的 63 种元素的性质，进行仔细比较和综合分析，终于发现了元素的奥秘。他发现，元素的性质同原子量之间有着周期性变化的规律。1869 年，他正式发表了元素周期律。根据这个周期律，他预见了一些未知元素的存在和性质，例如钪、锗和镓等。把元素按照周期律排列起来，就得到元素周期表。从这以后，化学元素的发现，就从偶然的事情变成有章可循的、预先可以周密规划的事。周期表不但可以解释已知元素的性质，而且还可以预言未知元素，从而把它们一个个地找到，一个个地安放在事先为它们预定好的位置上。元素周期表的巨大成就，使门捷列夫赢得了俄国和世界各国科学及教育界的130多个荣誉称号。原来，正确地预言镓的密度的写信人，正是门捷列夫。

恰好在元素周期律发表20周年的1889年，门捷列夫在英国的一次演说中说："……打开我们眼界的这一工具——周期律，需要进一步加以改善，它不仅需要有新的补充，而且需要改进，需要有新的动力。"

门捷列夫期望的"新的动力"会有吗？若有的话，什么时候才会有呢？可以这样回答，这个新的动力的确有，不过，直到20世纪才出现，它的标志是原子核的发现。

1911年，英国物理学家卢瑟福，在实验中发现原子有一个微小而结实的核。说它微小，是因为它的大小只是原子的十万分之一；说它结实，是因为整个原子的质量几乎全部集中在它身上。由于核外电子带负电荷，而原子是中性的，所以原子核必定是带正电荷，而且总数必定等于原子中全部电子的电荷量。1913年，丹麦物理学家玻尔就如何测定原子核的电荷量，提出了一个测量办法和计算公式。就在同一年，卢瑟福的学生、26岁的物理学家莫斯莱，马上采用玻尔建议的方法，逐个测量各种元素的原子核的电荷量。这一测量，立即揭示了元素周期表的实质。

亨利·莫斯莱

莫斯莱测量核电荷量的一系列结果显示，各种元素的核电荷量都是电子电荷量的整数倍，例如：钛22，钒23，铬24，锰25，铁26，等等；还显示出一个出乎意料的特点是：从某个元素到邻近较高原子量的元素，核电荷的数目（以电子电荷为单位）只简单地增加1。事实上，除了个别例外，当元素按照原子量的大小排列时，元素周期表中的位置的序数正好等于这个元素的原子核的电荷数目，现在人们把这个数目叫作原子序数。如今大家都知道，给原子核提供电荷的粒子是质子。显而易见，质子越多，原子核或原子就越重。由于莫斯莱的贡献，我们现在只要看到原子序数，就知道了元素的原子量和核电荷数，同时也就知道了原子中有多少个电子。

正如卢瑟福的一位合作者评价的那样："莫斯莱几乎给元素系统地点过名了，使得我们第一次可以确切地说出已经存在以及可能存在的元素的数目……"

留下无尽遗憾的是，在测量了元素的核电荷量之后仅2年，由于第一次世界大战，莫斯莱应征到英国皇家工兵服役，1915年8月在萨夫拉海湾登陆时阵亡。对于这一不幸事件，当代物理学家、诺贝尔奖获得者温伯格写道："在第一次世界大战的几百万悲剧性的死亡中，物理学界最悲痛的是莫斯莱的牺牲。"

从1913年玻尔解释卢瑟福原子模型起，到狄拉克1928年建立相对论量子力学止，经过众多物理学家的前赴后继，终于建立起一门描述微观世界的物质现象和运动规律的科学——量子力学。通过这门科学，人们才最终揭示了化学元素周期表的全部奥秘。为什么在周期表里不同位置上的元素，有的性质很相同，有的性质又很不同？原来，这都取决于原子中那一层层围绕着原子核旋转的电子。

知识点

原子量

由于原子的实际质量很小，如果用它们的实际质量来计算的话非常麻烦，因此所谓的原子量指的是相对原子量，是以一个碳－12原子质量的1/12作为标准，任何一种原子的平均原子质量跟一个碳－12原子质量的1/12的比值，作为该原子的原子量。

延伸阅读

纽兰兹的“八音律”

1865年，英国化学家纽兰兹按原子量递增顺序，将已知元素做了排列。他发现，到了第八个元素就与第一个元素性质相似，亦即元素的排列每逢八就出现周期性。这就是“八音律”。为什么这么称呼呢？纽兰兹从小受母亲的影响，十分喜好音乐，觉得原子量好像音乐上的8个音阶一样重复出现，于是就把它称为“八音律”，并画出了“八音律”表。没想到的是，1866年3月，当他在伦敦化学学会发表这一观点时，得到的却是嘲笑和讽刺，有关论文也被退稿。时隔7年，当他欲再次将论文发表时，论文又被退了回来。虽然纽兰兹的“八音律”表存在着缺点和不成熟的地方，但他发现了元素的性质在排列上有周期性这一研讨方向是完全正确的，而且在这个正确的方向上向前迈进了一大步，因此科学界对他是不公正的。一直到18年以后，即在门捷列夫的元素周期表的重要性得到普遍承认以后，纽兰兹的论文才得以发表，英国皇家学会才给他颁赠了勋章。

奇妙的量子理论

QIMIAO DE LIANGZI LILUN

从概率入手，可以引出电子既是粒子又是波的思想，继而可以推导出这样的结论：在被测量之前，量子系统不可能处在或者作为粒子或者作为波的一种确定状态。这个结论就是测不准原理的基础。说来难以置信，正是涉及能量和物质的这种似乎不可能的本性的发展，竟导致了后来量子电动力学的诞生。量子电动力学是一种可以说明电子和光子之间一切相互作用的理论。就是这样，量子理论超出绝大多数人的想象，没有人能够说清楚，但很重要的一点是量子理论解决了许多实际问题。所以不管你理解还是不理解，你只需承认，量子理论是一套十分奇怪又十分微妙的最科学的理论。

颠覆经典物理学的理论

在17世纪的时候，艾萨克·牛顿和其他一些伟大的科学家，提出了一套能够描述物体运动的美妙理论，这一整套理论框架被称为“经典力学”，涵盖

大物理学家艾萨克·牛顿

的范围是从弹子到行星在内的所有物体的运动。牛顿这套用力、动量、加速度等术语描述的运动理论，最后被归纳为“牛顿运动定律”。我们日常用的各种机械设备、玩具等，都是根据这套理论制造出来的，因此我们在日常生活中很熟悉经典力学的这些原理。后来在1864年，与物质世界相对应，英国物理学家麦克斯韦又揭示出光和其他电磁现象所遵循的那些定律。这两方面的发现，似乎就可以说明由物质和光所构成的整个宇宙中的一切现象。然而，在随后的一代人的时间里，接二连三地发现了一系列违背牛顿定律和麦克斯韦定律的奇怪现象，使得整个物理学界出现了一次大动荡。这些新奇发现引发了一场“量子革命”，即使从全部科学史来看，那也的确算得上是一次真正的革命。然而，要明白为什么把那一时期的大动荡称为革命，我们就必须要准确地理解那场革命所推翻的东西：根据牛顿和麦克斯韦理论所做出的那种对物理现象的“经典”阐释。

在牛顿的许多发现中，他的运动三定律描述了日常世界中的各种物体在彼此发生碰撞时相互之间是如何作用的。他的这三条定律能够以原子或分子之间彼此碰撞反弹的规律来说明一切运动现象，从汽车发动机的运动部件彼此之间如何相互作用，直到将飞船送入轨道需要哪些条件，无所不包。牛顿的第一定律说：在没有外力作用的情况下，任何一个物体要么固定在原位置不动，要么做匀速直线运动。这条定律的真实性在日常生活中不大容易被看出来，这是因为总会有力——摩擦在减慢运动物体的运动。然而，在空间中做自由下落运动的物体，例如行星围绕太阳的运动，就完完全全遵循这条定律，因为它们几乎是在真空中运动，那里不存在摩擦。

牛顿第二定律说：当有一个力作用于一个物体时，该物体所获得的加速度等于所加之力除以物体的质量。这个事实在我们的日常生活中倒是随处可见。例如，台球桌上的一只白球，你用杆击打它，用力越大，它滚动得就越快。不过，加速度并不是由速度的增加量唯一确定的，加速度也可以是方向的变化，还可以同时包括速度和方向二者的变化。因此，地球尽管以几乎不变的速率在运动，但它也在做加速运动，因为太阳的万有引力一直不停地在改变着它的运动方向，也就是将它的运动轨道从直线（运动物体的“自然”路径）改变为曲线，亦即使地球沿着围绕太阳的轨道运行。

牛顿的第三定律的表述是：每有一个作用，就必然存在着一个与之大小相等而方向相反的反作用。例如，当打枪时，作用将子弹推出枪管，而反作用则会使枪托撞击打枪人的肩部。当你站在溜冰场上向远处抛掷皮球时，反作用则会使你在冰上向后滑行一段距离。当宇宙飞船在太空中点燃其尾部的推进器时，从喷气口迅速喷出的气体将产生一个反作用，从而使火箭向前加速。正是这条第三定律，解释了原子之间的反弹现象，解释了在台球之间发生撞击以后各自的运动情况；还能够解释一辆汽车正面撞上迎面而来的另一辆汽车其后果为什么会比冲撞到一面砖墙上更加严重，因为在前一种情形必须要考虑到两辆汽车各自速度的叠加。

在19世纪即将结束以前，牛顿的这三条定律似乎已经完全统管住了整个物质世界。甚至连原子和新发现的电子的行为，也可以根据牛顿的定律再加上电力和磁力而得到说明。

英国物理学家麦克斯韦对电力和磁力这两种力做出了很好的阐释，这样，他就绘出了这个物理世界的另一半，展现在物理学家眼前的似乎已经是物理世界的一幅完整的图景。麦克斯韦的工作基础，是迈克尔·法拉第先前在电和磁方面所取得的那些成果。在19世纪上半叶，法拉第提出了十分关键的关于力线以及磁“场”和电“场”的概念。他还发明了电动机和发电机，而且发现，一个正在变化的磁场总会产生一个电场，而一个正在变化的电场

物理学家迈克尔·法拉第

又总会产生一个磁场。一个场可以被想象为有关的力能够施加其影响的一个区域。把一块条形磁铁置放在一张纸的下面，纸上撒放许多铁屑，此时轻轻弹抖这张纸，就能够形象地看到磁场的样子。纸上的铁屑会排列起来形成围绕磁铁的曲线，它们所显示的就是磁场的形状。每一条连接磁铁南极和北极的曲线就是一条磁感线。

麦克斯韦仅用了4个方程就把有关电场和磁场的一切特征全都囊括在内，这4个方程后来就被叫作麦克斯韦方程。它们在电磁力理论中所起的作用就如同牛顿定律在力学中所起的作用一样。这4个方程能够预言许许多多的事情。例如，原子内部一个电子的来回运动有可能产生一列电波，以及这一列电波在空间行进时又会出现怎样的现象。当电波向前传播时，在它所经过的每一处的电场都会发生变化。由于变化的电场会产生磁场，因此，电波将产生一列随同它一起移动的磁波。然而，这种磁波又会产生电波。于是，结果就是：一个来回运动的电子所产生的不单是电波，而是结对行进的电波和磁波，亦即一列电磁波。不存在单纯的电波或单纯的磁波。

当麦克斯韦用他的方程去计算电磁波应当行进的速度时，终于结下了最甜美的果实。他的方程给出的是唯一的波速，而且对于所有的电磁波全都一样。后来知道，麦克斯韦求出的波速正好就是光速。所有的电磁波都以光速传播，这样就必然得到一个结论，光是由在空间传播的电磁波所组成的。

当时，科学家从19世纪早期英国的托马斯·扬和法国的奥古斯丁·菲涅耳的研究工作中已经知道，光是以波的形式在空间传播的。法拉第推测，“光是一种力线振动的高级形式”，由于他对数学不精通，他没有进一步说明为什么会是这样。

正如托马斯·扬及其他人所做的许多实验所证明的，可见光的波长（两个相邻波峰之间的距离）范围是从380纳米（紫色）到750纳米（红色）。不久以后，科学家又把麦克斯韦方程用于描述波长更长的辐射（如无线电波）和波长更短的辐射（紫外线光和X射线）。然而，光的波动理论终于遇到了一个大难题，即它无法解释所谓的黑体辐射现象。起初，科学家还以为那不过是一个小麻烦，很快就能够得到解决。没有想到，随着物理学家研究这个问题的深入，就越发觉得用原来的理论解释这个问题的难度。

知识点

可见光

可见光是电磁波谱中人眼可以感知的部分，可见光谱没有精确的范围，一般人的眼睛可以感知波长在400～700纳米之间的电磁波，但还有一些人能够感知到波长大约在380～780纳米之间的电磁波。正常视力的人眼对波长约为555纳米的电磁波最为敏感，这种电磁波处于光学频谱的绿光区域。人眼可以看见的光的范围受大气层影响。不少其他生物能看见的光波范围跟人类不一样。

延伸阅读

经典物理学的危机

1895年前后，以经典力学、经典热力学和经典电动力学为三大支柱的经典物理学，达到了它的颠峰时期。但随后，一场违背经典物理学的危机扑面而来。

在力学方面，与机械观相联系的绝对时间、绝对空间的概念以及关于质量的定义，都已受到普遍的批评。牛顿力学的理论框架实际上要把引力看作是一种瞬时传递的超距作用，这与19世纪发展起来的场物理学是根本对立的。

在热学方面，熵增加原理揭示的与热现象有关的自然过程的不可逆性，反映出热力学原理与经典力学和经典电动力学原理之间深刻的内在矛盾，而统计力学中引入的概率统计思想以及热力学规律的统计性质，已使经典力学的严格确定性出现了缺口。

在电磁学方面，作为光波与电磁波的传播媒介的“以太”，其令人难以理解的特殊性质以及关于它的存在的检测，都使科学家们费尽心血而一筹莫展。另外，根据电磁学理论，可用空间坐标的连续函数描写的场，是具有能量的不能再简化的物理实在，这又与经典力学把运动的质点看作能量的唯一载体的观点背离。

连续运动和双缝实验

物体究竟如何运动？这是一个千古之谜。绝大多数人可能会认为，运动明显是连续的，这符合我们的日常经验。事实上，当人们谈论运动时，他们所指的就是连续运动。字典中诸如“路径”和“轨道”这样的词汇都隐含着连续运动的图像。但是，连续运动是运动的真实形式吗？

毕竟，我们生活在经典世界中。我们只熟悉连续运动，因而对它十分珍爱。我们一直想当然地认为连续运动不仅是真实的运动形式，而且是唯一可能的运动形式。初看起来，连续运动的存在似乎十分自然。在没有外部影响的情况下，一个物体将保持它的速度，因为没有原因导致它的速度改变。于是，自由物体只能处于静止状态，或者以不变的速度连续地运动。此外，一个自由运动的物体在某一时刻处于空间中的某个位置，在下一时刻它将只能位于邻近的位置，因为没有原因导致它从一个位置直接跳跃到另一个不相邻的位置。的确，我们从未见过一辆汽车为了避开交通堵塞，从一个地方跳到另一个地方，而不经过中间的空间。总之，连续运动的存在似乎是必然的。它不是运动的真实形式，还有谁是呢？由于我们从未见过，也从没听说过，甚至从未梦见过另一种运动形式，那它怎么会是真实的运动呢？

然而，正如哲学家赫拉克利特所言，自然总喜欢隐藏起来。连续运动很可能只是一种幻象。当我们看电影的时候，我们也认为电影中的物体是完全连续地运动的，但实际上，每部影片都是由一组离散的照片组成的，它们被投影到屏幕上并以极快的速度（一般为24帧/秒）依次放映。由于我们无法分辨这样快的变化，电影便可以产生出连续运动的视觉错觉。类似的，我们关于连续运动的感觉经验可能也会欺骗我们。

设想一个物体沿直线从位置0运动到位置1。如果物体的运动是连续的，那么它必须依次通过0与1之间的所有点。但是，在0与1之间有无穷多个点，如1/2、1/4、1/8……我们无法在有限的时间内数完它们，也无法跟踪物体的每个位置。那么，如何能知道物体真的连续地通过了0与1之间的所有点呢？如果不能知道，又怎么证明物体的运动是连续的呢？

也许存在其他方法可以证明连续运动的存在。例如，尽管无法直接证实物体通过了0与1之间的所有点，但是可以通过一个合理的假设来证明这个结论，从而证明物体的运动是连续的。一个可能的假设是：物体由一点运动到另一点必先经过它们的中间点。可是，如何验证这个假设呢？对于较大的空间距离，它也许是对的；但对于极小的空间距离，它被检验过吗？由于存在无穷多个长短不同的空间距离，这个假设同样无法验证。事实上，即使上述假设被证实了，它也无法证明运动的连续性。例如，只包含有理点的非连续的轨迹同样满足这个假设。因此，连续运动的存在看来也无法利用其他假设来证明。

总之，连续运动只是一个无法证实的假设。然而，这一事实本身并不能否认连续运动的真实存在。或许，真实运动在本质上就是无法探究的。归根结底，“无穷”挡住了我们的去路。我们必须进入越来越小，甚至是无穷小的时间和空间，才能最终发现真实的运动形式。那么，是否有一些迹象已经显示运动不是连续的呢？

运动很可能比我们通常想象的更加奇怪。毕竟，我们只见过宏观物体的表观运动，它看起来是连续的。而那些无法用肉眼观察到的微观粒子的运动又是怎样的呢？这里，要论述一个著名的粒子实验：双缝实验。这个实验非常简单，每个人都可以理解。然而，我们将看到，它无法用连续运动的图像来解释。

在典型的双缝实验中，单个粒子（如电子）相继从粒子源发出，然后通过两条狭缝到达探测屏。这样，当大量具有相同能量的粒子到达屏幕后将形成波状的双缝图样。粒子到达数目很多的地方形成波峰，而几乎没有粒子到达的地方形成波谷。

根据连续运动的图像，在双缝实验中粒子每次只能穿过两条狭缝中的一条。这样，双缝图样应当和分别打开每条缝时所产生的单缝图样的混合图样一致。原因是，双缝实验中每次单个粒子通过的情形将同样出现在单缝实验中，例如，双缝实验中单个粒子通过上缝的情形会出现在只打开上缝的单缝实验中。

出乎意料的是，实验结果显示双缝图样与两个单缝图样的混合图样完全不同！这种差异无法用连续运动图像来解释。实际上，我们可以从下述事实更明显地看出困惑所在。当两条缝中的一条关闭时，粒子可以到达屏上的某些位置，如双缝图样中的波谷位置；但是当这条缝被打开后，它将阻止粒子到达这些位置（在双缝实验中几乎没有粒子到达屏上的波谷位置）。因此，在双缝实验中，粒子的运动不可能是连续的，它必定以某种非连续的方式同时穿过了两条狭缝。

到目前为止，人们已经完成了很多种类粒子的双缝实验，如光子、电子、中子，甚至原子和分子等。因此，那些无法用肉眼观察到的小物体的运动看来不是连续的，而是非连续的。

粒子究竟是如何通过双缝的呢？现代科学对这一简单问题并没有给出明确的答案。更令人吃惊的是，不同科学家对此有不同的看法。

上述问题的正统答案是：问题本身没有意义。所以，你不应当问如此荒谬的问题。这种观点主要由丹麦物理学家玻尔提出，如今已经被大多数物理学家所接受。当你第一次听到这个难以置信的答案时，一定感到非常震惊。的确，玻尔曾告诫我们："那些不为此震惊的人……不可能理解了它。"

那么，粒子如何通过双缝形成双缝图样呢？根据正统观点，如果想知道粒子如何通过双缝形成双缝图样，就必须通过位置测量探测粒子究竟通过哪条缝。然而，这种位置测量将不可避免地破坏掉双缝图样。因此，在双缝图样不被破坏的前提下，我们无法探测到粒子究竟通过哪条缝，从而也就无法知道粒子如何通过双缝形成双缝图样。正统观点进一步认为，由于无法测量到粒子通过双缝的实际运动图像，这种图像本质上是不存在的。于是，上述问题的答案不仅永远无法知道，而且根本不存在。因此，问题本身完全没有意义。

找到正统观点的漏洞并不容易。即使它最激烈的反对者爱因斯坦也承认它的逻辑一致性。然而，爱因斯坦却基于他的科学信仰而完全排斥这种观点。对他来说，无论对于宏观物体，还是微观粒子，都必然存在一幅客观的运动图像。而且，爱因斯坦强烈相信运动是连续的，正如牛顿曾经告诉我们的那样。但是，立即出现一个问题，即：这种非正统观点如何能解释双缝实验呢？我们已经看到，连续运动的图像根本无法解释这个实验。

出人意料的是，爱因斯坦的追随者、美国物理学家玻姆真的“找到”一个摆脱困境的办法。玻姆假设微观粒子仍然连续地运动，这意味着在双缝实验中单个粒子只通过两条缝中的一条。此外，为了说明所形成的双缝图样，他进一步假设粒子总是伴随着一个不寻常的波。这种波没有能量，但可以引导粒子运动，正如雷达波引导制导导弹一样。在双缝实验中，这种导引波同时穿过两条缝，并引导粒子沿适当的路径到达屏幕，以形成正确的双缝图样。这些径迹是连续的，但却是弯曲的。初看起来，所有这些都非常吸引人。然而，导引波和粒子的连续轨迹本质上都无法被观测到。那么，它们在什么意义上存在呢？这是玻姆理论的一个致命弱点。事实上，即使爱因斯坦也认为它“太廉价了”。

还有许多关于双缝实验的解释、越来越奇怪的理论，如多世界、多意识等，被不断构造出来。在社会科学中，一个现象存在不同的解释似乎很平常。但是，自然科学不应当这样。唯一的解释是运动不是连续的，而是断开的。

知识点

制导导弹

制导导弹是指装有精确制导装置、能准确命中目标的导弹。制导导弹是在一般制导武器的基础上发展而来的，特点是具有精确的制导系统，从而获得极高的命中精度，具有反应敏捷的控制系统和具有识别目标并摧毁目标的能力和抗干扰能力。

延伸阅读

双缝实验

200 多年前，托马斯·扬利用双缝实验演示证实了光是一种波。他用单色光照射通过一块屏板上的一条狭缝，接着，再使从这个狭缝射出的光通过第二块屏板上的两条平行的狭缝，最后投射到第三块屏板上。这时，在第三块屏板上将显现出明暗相间的条纹。对这个实验结果的解释是这样的：光是以波的形式传播，就像是池塘里的水波，通过两条狭缝中任何一条狭缝的那一列波都在做上下振动，它们在彼此相遇的地方会发生干涉。在相遇处，若两列波的上下振动步调一致，就会形成更亮的光；若两列波的步调正好相反，它们就会相互抵消，留下一条暗黑条纹。

量子世界的测不准原理

在牛顿力学中，对一个运动的物体，能够同时准确地测量它的动量和所处的位置，这是毫无疑问的。例如，公路上行驶的汽车，任一时刻的位置和速度都是能够准确地测量到的。不然的话，测速员准确地测到了车速，却不知这时候汽车在哪里，这样奇怪的事在日常世界里是不会发生的。然而，在量子世界中，微观粒子的动量（速度和质量的乘积）和坐标（或位置）却对应着一系列的可能值，对每一可能值又有一定的出现概率（或者说机会），动量和坐标不再同时具有确定的值。不过，这些不确定量之间又有一定的相互制约的关系。这就是由德国物理学家海森堡于 1927 年提出的测不准原理（或叫不确定原理）。以位置和动量的测量为例，测不准原理指出，在同一个实验中，沿某个方向运动的粒子的坐标的不确定性 Δx 和动量的不确定性 Δp_x 的乘积不能小于普朗克常数（即 $\Delta x \cdot \Delta p_x \geqslant h/2\pi$）。

按照我们日常生活的经验，测量的精度往往取决于测量技术的高低。可是测不准原理却表明，即使使用最理想化的仪器，测量也不可能超过一定的精度。这又该怎么去理解呢？下面，让我们以电子为例，看看测量时会发生什么样的情况。

现在我们所要做的是，测量电子每一瞬时的速度和位置。由于电子很小，我们准备用一台放大倍数很大的显微镜来观察它。首先要让电子在光照下成为可见的东西，否则就不可能看清它的位置。我们的设想是，选择一个飞行的或是静止的电子，采用适当的光线照射它，当电子反射的光子到达照相底片或眼睛时，我们就能了解到它在某个时间的位置。

大家知道，显微镜的放大倍数取决于所用光波的波长，因此，所选光波的波长是个关键。如果选用波长比电子线度（可近似地理解为电子的直径）大很多的光，则会因放大倍数太低而无法观察到电子这么小的粒子；若选用的光的波长与电子线度差不多时，又会发生明显的衍射，从而只能看到明暗交替的衍射环而根本看不清电子，也就是说，此时电子的位置就不能确定。为了获得一个清晰的电子的像，就要求光的波长小于电子的线度，看来必须选用频率很高（也就是波长很短）的光波。幸好有 γ 射线，它的频率是足够高了。于是就考虑用它来照明电子。结果怎样呢？在 γ 光照射下，人们通过显微镜去观察电子，却发现显微镜下什么也没有。又出了什么问题呢？

让我们来分析一下，γ 光的波长为小于 0.2 埃，可以计算出，一个 γ 光的动量为 10^{-14} 克·厘米/秒；而速度高达 10^{10} 厘米/秒的电子的动量也只有 10^{-17} 克·厘米/秒。我们原本打算让 γ 光子照亮电子，没想到 γ 光子的动量竟然是电子动量的 1000 倍！这样，γ 光子照射到电子上，就像火车撞上了婴儿车——电子早不知被光子撞飞到哪里去了！难怪看不到电子呢。看来电子实在是太小了，只要被一个 γ 光子打中，就会移动位置。这样一来，在测量电子的位置的同时，我们却改变了电子的位置。看来我们的如意算盘只能落空，根本没法按我们的设想去看到电子。微观世界中竟会有如此怪事！

宏观世界中又是怎样的呢？经过计算发现，物体的质量越大，测不准原理对它的影响就越小。例如，物理学家考察了线度为 1 微米、密度为 10 克/厘米^3 且以 1 微米/秒低速运动的尘埃微粒的情况。那么可以计算出测量位置的误差为 10^{-4}，也就是万分之一；速度的误差为 10^{-3}，也就是千分之一。可见，这种理论上的误差是如此之小，根本不会影响到实际的测量。用同样方法可以算出，对于更重一些的质量为 1 毫克的粒子，原则上可以在 10^{-12} 厘米的位置和 10^{-12} 厘米/秒的速度范围内同时确定它的这两个量，不确定性对实际测量的影响微乎其微。尺度再大一些的物体，自然就更不必说了。

这些计算数据说明，在测量宏观物体时，我们当然就可以大胆地依据经典理论，而不必担心由测不准原理所带来的小到完全可以忽略的误差。其实，只要联想到实际情况，我们也可以马上凭直觉来理解这一点。我们用望远镜来观测天体时，并不会认为这种观测影响了天体本身的运动。从原则上讲，这并不是因为这种观测不影响天体，而是这种干扰的影响实在是太小了，小到根本不会被察觉的程度。对天体来说，望远镜是功率极低的观测仪器。而 γ 光显微镜对于电子就是一个“功率极强”的“干扰源”了。这种干扰已经强到了会改变电子状态的程度，因此就不能再忽视它了。这就好像我们试图用一支巨大的温度计来测量一小杯咖啡的温度（假设温度计恰好能放入杯中），温度计会损失掉咖啡中太多的热量，而使咖啡温度下降，这必然就会使测量结果产生很大误差。这样的蠢事当然不会有人去做。我们只不过是借此将微观世界所发生的事夸张一些，以便于我们更好地理解测不准原理。

我们知道，原子尺度上的能量非常小，因此不难想象，即使是最精巧的测量，也会对被测量的东西产生实质性的干扰，这样，测量的结果就不能真实描述测量装置不在时的情况。在这个尺度上，观察者及其仪器成了观测对象的一个不可分割的部分，它们之间就不可避免地存在着相互作用。另外，我们在观测时，可以发现电子等微观粒子，以粒子形式存在于空间的特定场所，但到观测前的那一瞬间为止，粒子可能是在空间的任何地方。这种可能性是作为概（几）率波在空间传播。这时，对可能性一词，就不能再按经典意义理解为粒子实际处于空间的某一点，只是我们不知道究竟在哪一点。或者说，我们不能认为它们有确定的经典轨道，在我们对其进行测量之前，它们都是以波动形式出现的。物理学家经过深入研究后指出，上述实验中，观测仪器的失误恰恰就是由于电子的波动性所造成的，因此不能脱离电子波动性的一面来试图单纯地测量电子粒子性的一面。海森堡所提出的测不准原理，揭示了纯粹观察粒子性一面所必然受到的波动性的局限。

海森堡

很多人都对量子世界特有的这种不确定性感到不习惯。然而，20 世纪 30 年代初，海森堡的研究生、当代著名物理学家韦斯科夫是这样看待测不准原理的：“测不准原理其实应当叫作确定性原理。要说量子状态有什么不可思议之处，无非是难于用普通语言来表达。”他进一步解释道：“当然，我们不能到处追踪一个电子，按照旧的观念去寻找它的下落。但这并不是说电子不存在。电子的存在方式，只不过与我们司空见惯的物体的存在方式不同罢了。海森堡的测不准原理，不过是些警戒标志，它告诫说：经典语言，就此止步。在你深入到原子尺度的地方时，你就会遇到困难。你要是用经典概念来描绘量子状态，概（几）率就会出来干涉。”

知识点

衍　射

衍射又叫绕射，是波在传播过程中经过障碍物边缘或孔隙时所发生的传播方向弯曲的现象。孔隙越小，波长越大，这种现象就越显著。衍射现象是波的特有现象，一切波都会发生衍射现象。大气中的华、宝光环等都是衍射现象。衍射时产生的明暗条纹或光环，叫衍射图样。

延伸阅读

海森堡的“疏忽”

在海森堡进行不确定原理方面研究的前几年，他在慕尼黑接受著名理论物理学家阿诺德·索末菲尔德的指导，做博士毕业论文。在一次口试中，海森堡与他的一位考官、非常著名的实验物理学家威尔海姆·维恩发生了冲突，因为他回答不出关于光学仪器的分辨能力的一些相当基本的问题。结果，是在索末菲尔德的特别请求下，维恩才让海森堡通过了考试，而且给的是一个最低的刚刚能够及格的分数。几年后，海森堡对经典光学基本概念的无知给他带来了报应。为了解释他最新提出的不确定性原理，他设想了一台叫作“伽玛射线显微镜”的虚拟显微镜，可以用很短波长的γ射线光观察电子。不幸的是，海森堡忘掉了那场让他不舒服的口试给他的教训，他的分析根本就没有考虑显微镜的分辨能力。这个问题后来被另一位伟大的物理学家尼尔斯·玻尔发现了。玻尔好心地告诉了他这一点，才让他在自己的论文中补上了这个大漏洞。

量子力学的机会法则

在20世纪20年代中期，量子理论有两次发展，而且几乎是同时的：一次主要是以粒子方式，另一次是以波的方式。以粒子方式取得进展的突出人物是海森堡，以波的方式取得进展的代表人物是物理学家狄拉克。狄拉克仅比海森堡小几个月，1902年8月8日生于英格兰的布里斯托。

狄拉克与海森堡合影

奥地利物理学家薛定谔生于1887年，早在1910年就获得了博士学位，他是另一位发展新量子理论的先驱者。他从德布罗意电子波的思想出发，建立了波动形式的量子理论，试图避开电子在原子中从一个能级向另一个能级的神秘跃迁，想重新回到波理论的经典思想上来。

狄拉克证明了所有这些思想实际上是彼此等价的，即使是薛定谔的形式，其方程中也仍然包含着“量子跃迁”。薛定谔对此很反感，并对他曾经参与和发展的这一理论评价道：“我不喜欢它，我真希望我没有做过与之有关的任何

薛定谔

事情。”有意思的是，由于大多数物理学家在求学的早期就学习了薛定谔的波动方程，而且习惯于用它。自从量子力学建立以来，在解决粒子问题，比如解释光谱时，正是薛定谔的波动方程应用最广。

为了能对量子理论的图像有个较好的理解，这里举一个在很久之后被美国物理学家费曼称之为量子力学的“核心秘密”的例子。这就是著名的“双孔实验”。

在这个例子中，你可以设想是发射一束光或是一束电子流，使它通过屏幕上的两个小孔。当光通过这两个小孔时，波纹在屏幕的另一面从每个小孔成扇形展开，并在第二个接收屏幕上形成叫作干涉的图案，就像你同时向静静的池塘中扔两颗石子所见的水面上的干涉图案一样。早在19世纪，这个基本的实验就证明了光具有波动性。

但如果发射的是单个粒子（比如电子），而且通过双孔一次只发射一个，按照日常的经验，你可能认为会在接收屏幕上积聚成两个堆，一个孔后面一堆。电子不同于可见光，为了能看清电子在接收屏幕上的状况，必须用适合检测的屏幕（像电视机屏幕那样的）。如果电子是粒子，对应于电子通过每一个孔，屏幕上理应显示出两个亮斑。然而事实上并非如此。究竟发生了什么事呢？当单个粒子按实验要求从这边发射后，打到对面检测屏幕上时，你自然会认为每个粒子只能通过这一个孔或者那一个孔。的确，每个粒子在检测屏上只出现一次闪光，作为一个粒子，这表明它已到达检测屏。然而，当成千上万个粒子一个接一个地被发射出去后，在检测屏上就会出现异乎寻常的闪光图案。粒子的行为并不像你按照日常经验所想象的那样，不是在两个孔后面有两个亮斑，而是为人熟悉的只有波才有的干涉图案。这就好像是每个粒子一次通过两个孔，与它自己发生干涉一样。它想到哪个地方，就到那里为图案的形成做出自己的贡献。看来，量子的本质，在行进中是波，而在到达（和分离）时是粒子。

像光的波粒二象性一样，这个例子表明了量子世界的另一个特点——概（几）率的作用。在量子世界中，没有任何东西是确定的。比如，在单个电子通过双孔实验中的双孔之前，不可能让实验者说出电子到达接收屏幕的精确位置。你只能根据量子法则计算概（几）率，即它落在干涉图案的某个具体位置的机会（或者说可能性是多少）。量子过程所遵守的机会法则，和我们平常玩的掷骰子有些类似，这使得爱因斯坦在评论中表示了他对这一理论的反感："我不能相信上帝是在掷骰子。"

既然如此，我们怎么能认为"待在"原子中的一个电子一定是在它的"轨道"上"运行"而不是"到达"了探测器呢？在过去的几十年中，物理学家的标准说法是，电子不能在靠近原子核的空间中的任何一点有确定位置，但是每一个电子可能在原子核周围的一个"壳层"上，一个壳层就是一个"轨道"。这个轨道被认为是"概（几）率云"，代表找到电子的机会。如果某种测量精确到足以确定电子的准确位置，在某一时刻电子的确到达这个确定位置，就表明它本身是个粒子。它所能到达的位置完全是随机的，因为它可以自由选择。但一旦观察完成，电子又立刻融化为概（几）率的迷雾。而且，这种行为代表了所有量子的本质。

量子理论表明，在比原子小的"粒子"的尺度上，物体被认为是既有波动性又有粒子性，没有任何东西是确定的，实验的结果取决于机会。但这些奇异的理论却有着实际的应用。由于原子对外界其他原子来讲，其界面是它的电子云，并且化学就是研究不同原子的电子云之间相互作用的学科，正是这种量子力学观点，使人们认清了化学的本质，并使化学得到发展。这表明这种新的量子力学确实是有效的。

知识点

干　涉

在物理学中，干涉是指满足一定条件的两列相干光波相遇叠加，在叠加区域某些点的光振动始终加强，某些点的光振动始终减弱，即在干涉区域内振动强度有稳定的空间分布。干涉有两类：一类是相长干涉——两波重叠时，合成波的振幅大于其中一种波的振幅，称为相长干涉。另一类是相消干涉——两波重叠时，合成波的振幅小于其中一种波的振幅，称为相消干涉。

延伸阅读

薛定谔方程的发现

在薛定谔发现现在非常有名的方程的时候，他是在苏黎世工作的一位成就一般的中年奥地利物理学家。苏黎世研究组的组长——德拜教授——在听到奇怪的德布罗意波的说法后，要求薛定谔向研究组里其他成员介绍这些观点。薛定谔按照要求做了。他讲完的时候，德拜评论说，这些想法看起来都很幼稚，因为要正确地处理波的行为，应该有一个波动方程，用来描述波如何从一个地方走到另一个地方。这句话让薛定谔心里一动，后来就发现了这个以他名字命名的方程。这是一项非常重大的突破，因为物理学家们可以靠它来计算量子概（几）率波的运动，因而做出精确预言，并可以与实验比较。

薛定谔方程：对于一个总能量为 E，沿一维 x 运动，在势场 V 中的粒子，薛定谔方程是：

$$E\psi = \frac{\hbar^2}{2m}\frac{\partial^2 \psi}{\partial x^2} + V\psi$$

将概（几）率幅用希腊字母 ψ（读成普赛——译者注）表示是一种约定。粒子的质量是 m，$\hbar$ 是普朗克常数 h 除以 2π。

量子的“隧道效应”

大家知道，我们的眼睛看到一个物体，是看到它发出或者反射的光并把光转变成信号，再由大脑把信号理解为相应的图像。然而，肉眼所能看到的东西有限。哪怕是最好的眼睛，也无法辨别大小在微米以下的物体。要想看到这样小的东西，就要靠显微术，也就是要靠放大镜或显微镜。

列文虎克

17 世纪后期，发明显微术的列文虎克，见过大小约 1 微米的细菌，这是用光学显微镜所能看到的差不多是最小的东西。因为对于一个显微镜来说，它能够分辨的物体尺度（大小），与它使用的光的波长成正比。波长越短，能够看清的东西就越小。光学显微镜使用的是波长在 0.39 微米至 0.76 微米之间的可见光，用它可以分辨相距 0.2 微米的两个小点。对那些尺度（大小）比可见光波长小得多的东西，靠传统的光学显微镜是看不见的。要想看到更小的东西，就需要更短波长的光，或者要增加特殊的设备。

除了 X 光和 γ 光的波长很短之外，所有微观粒子都具有像光波一样的波动性，而且能够让波长很短。因为粒子的动量越大（或者说运动得越快），波长就越短。例如，电子在 150 伏电压下的波长为 0.1 纳米（也就是 10^{-10} 米），这个尺度刚好是原子的大小。于是，科学家就利用粒子的波动性来制造粒子显微镜。

1932 年，德国物理学家鲁斯卡和克诺尔，制造出世界上第一台电子显微镜，由于还比较粗糙，当时的放大倍数仅仅达到 400 倍。它的原理同光学显微镜类似，只是用电子代替了光子，用能通电流的线圈做成的电磁透镜，代替了玻璃做的光学透镜。利用光学透镜适当地操纵光线，就可以使眼睛看见物体的放大的像。同样，利用磁场适当地操纵电子波，也可以使照相底片记录下物体的放大的像。1937 年，多伦多大学的希利尔和普雷伯斯，又制成了放大倍数为 7000 倍的电子显微镜，后来又发展到能放大几十万倍甚至上百万倍，而最好的光学显微镜放大到 2000 倍就是极限了。由于电子波的波长比普通光的波长短得多，电子显微镜在高放大倍数时所能达到的分辨率也要比光学显微镜高得多。利用计算机模拟和成像技术，用电子显微镜不仅可以看到尺度小于微米的物体的形貌，而且还可以测定物体几微米厚的表层的元素分布，例如细胞中的元素分布。虽然电子显微镜是研究物质微观结构的有力工具，但它还有一些不足的地方。例如，它不能分辨 0.1 ~0.2 纳米那样厚的表层形貌，即看不见物体表面的原子排列。而现代科学的发展，需要有精确到原子尺度的显微技术，也就是要能够看到原子。这真是神话般的要求，可这个神话真的实现了！

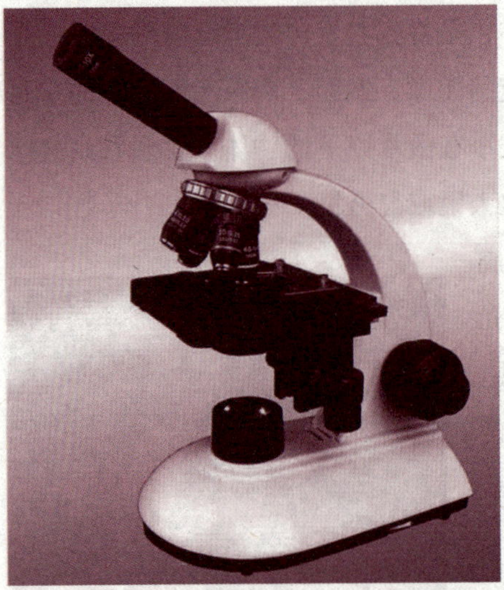

电子显微镜

这个神话的实现，根源在于微观世界的一个神奇的效应，它叫作“隧道效应”，是苏联物理学家伽莫夫 1928 年发现的。微观世界里怎么会有隧道呢？其实这只是拿我们熟悉的事物来打比方。假如一个人被一座大山挡住了去路，他又没有力气爬上山顶翻过山去，那他就只能在山这边待着，这是我们日常生活中的经验。如果这个人鬼使神差般到了山那边，就像脚下有条穿山隧道那样，不用翻山就过去了，这就是量子世界的隧道效应。类似的，一片金属中的电子，要想越过一块绝缘材料而跑到对面的金属片中去，起阻隔作用的绝缘材料就像一个势能山垒（屏障），把电子关在“山”的这边。按照普通的电磁学，这边金属片上的电子只有在获得足够高的能量后，才能翻越势垒的山顶跑到对面那个金属片上去；而在量子世界里，这边的电子不需要增加能量，就有一定的机会，不费力气地沿隧道穿过势垒屏障到达对面。隧道效应，多么像神话故事中的“穿墙术”啊！

由于隧道效应，两块金属片之间就形成了隧道电流，而且这个电流有一个奇特的性质，即在一定的电压下，隧道电流随间距的增加而急剧地减小。当间距改变一个原子的尺度时，电流就改变数十倍或数百倍。既然隧道电流对间距如此敏感，那么就可以利用这种关系来制造新型的显微镜。如果有一根极其尖锐的探针，同金属样品之间产生隧道电流，那么，只要移动针尖，让它在样品上方逐点扫描，就可以通过测量每一点的隧道电流而得到样品整个表面的形貌。实际上，在针尖水平地扫过样品时，间距的变化正好反映了样品表面的凸凹程度。

1981 年，瑞士苏黎世国际商用公司实验室的科学家罗赫尔和来自德国的研究生宾尼，研制成功了第一台扫描隧道显微镜（简称 STM），终于使人们实现了看到原子真面目的愿望。这台显微镜的针尖只有几个原子大小，针尖离样品的间距也只有 1 纳米。它的水平分辨率在 0.2 纳米以下。垂直分辨率可以达到远小于 0.1 纳米。扫描隧道显微镜可以观察单个原子、分子，并可对物体表面进行实空间成像和精细到几个纳米的加工。发明电子显微镜的鲁斯卡与发明扫描隧道显微镜的罗赫尔和宾尼分享了 1986 年诺贝尔物理学奖。

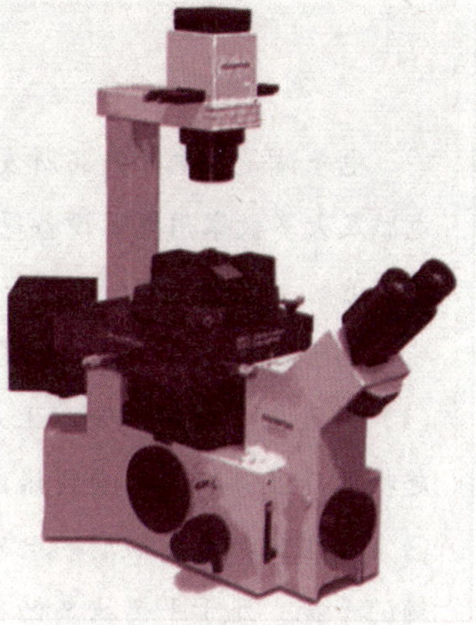

扫描隧道显微镜

扫描隧道显微镜的出现，为表面物理、化学作用、材料科学、原子物理和生命科学等学科开辟了广阔的研究和应用前景。这种新型显微术或者说探测技术，为在纳米尺度上研究物质表面结构和性质，提供了强有力的工具，如今在金属、半导体、生物和材料等领域已有卓见成效的应用。这种显微术还可作为一种表面加工工具，在纳米尺度上对材料表面进行刻蚀与修饰，甚至进行原子操纵，实现纳米加工这种原本不可思议的神话。例如，中国科学院化学研究所用自行研制的扫描隧道显微镜，在石墨晶体表面刻写出线条宽度为10纳米的文字和图案；美国IBM公司的科学家通过扫描隧道显微镜，在铜表面上把48个铁原子排列成圆环状，铁原子之间的距离只有0.9纳米。

可见，20世纪20年代所发现的量子力学中的“穿墙术”，这个微观世界的神奇效应，已在如今的日常世界起着有目共睹的重要作用。预计在不久的将来，一些微观效应的应用前景会更为壮观！

知识点

电子波

电子波是指电子产品所发出的电子辐射，对人体有一定的危害。电视、电脑及大多数家用电器设备等都可以产生各种形式、不同频率、不同强度的电子波。

电子波主要通过三种形式危害人体：热效应、非热效应和累积效应等。(1) 热效应：人体70%以上是水，水分子受到电子波辐射后相互摩擦，引起机体升温，从而影响到体内器官的正常工作。(2) 非热效应：人体的器官和组织都存在微弱的电磁场，它们是稳定和有序的，一旦受到外界电场的干扰，处于平衡状态的微弱电场就会遭到破坏，人体也会遭受损伤。(3) 累积效应：热效应和非热效应作用于人体后，对人体的伤害尚未来得及自我修复之前，如果再次受到电子波辐射的话，其伤害程度就会发生累积，久而久之会成为永久性病态，危及生命。

延伸阅读

量子隧道效应的应用实例——扫描隧道显微镜

现在有很多常用的电子器件是依靠量子粒子的隧道效应工作的。扫描隧道显微镜（简称STM）是格德·宾尼和海恩里希·罗赫尔研制出来的。1978年，宾尼刚刚被罗赫尔雇用为苏黎世研究中心的一名研究员。经过与罗赫尔的讨论，宾尼想出了一个利用电子"真空隧道效应"研究材料表面的方法。基本的思想很简单：根据量子力学，在金属表面外侧，会有一个很小但是不为零的机会观测到固体中的电子。这种观测到电子的机会，随着与金属表面距离的增大迅速减小。根据量子力学，如果可以将一根尖锐的探针，移到距离金属表面非常近，并且在探针和金属之间加上一个电压，就会有一个隧道电流流过它们的间隙，即使在真空中，也会出现这种电流。隧道电流的大小对探针与金属原子之间的距离非常敏感。如果可以精确控制探针与金属表面之间的距离，就可以利用这种电流的强弱来测量金属表面各种结构的大小。宾尼和罗赫尔很快意识到，如果他们能研制出一种仪器，精确、系统地扫描金属表面，就可以利用这种效应绘制出整个金属表面的轮廓。虽然这个想法在理论上是可行的，但最终要实现，并成为研究物体表面的强有力工具，还有许多具体的实验困难需要克服。第一个困难是，宾尼和罗赫尔必须制作一个顶端只有几个原子大小的探针。然后还必须制造出一种装置，可以可靠地定位和移动探针，控制精度必须达到距离物体表面只有几个原子直径的大小。最终他们成功了。

扫描隧道显微镜最让人吃惊的是它不可思议的灵敏度。宾尼和罗赫尔在报告中说："距离的变化即使只有一个原子直径，也会引起隧道电流变化1000倍。"有了这种新仪器之后，他们说："我们的显微镜可以让我们一个原子一个原子地'看'物体表面。它能够分辨物体表面大约1%原子大小的细节。"1982年，宾尼和罗赫尔利用扫描隧道显微镜解决了有关硅表面原子排列方式的一个困扰了大家很长时间的难题，科学家们才相信了扫描隧道显微镜强大的威力。现在，扫描隧道显微镜已经开辟了原子尺度下研究的一个新领域，这种技术让我们得到了大量让人目瞪口呆的原子图片。

最基本粒子（夸克）的理论

追溯到20世纪30年代初，物理学家只知道四种粒子。当时，解释原子的性质只需要质子、中子、电子和光子。再就是中微子，中微子当时尚未被直接探测到，只是在解释β衰变时需要用到它。接着，一些寿命非常短的“新粒子”开始出现，它们很快就衰变成为人们熟悉的稳定粒子和强烈的光辐射，但在它们短暂的寿命里，仍然能测量出它们的一些性质（比如质量和电荷量）。第一个这样的粒子是在宇宙线中被发现的。接着，在第二次世界大战之后，物理学家开始大规模地建造“打碎原子”的机器（加速器），并且能在这些机器上制造新粒子。

原子加速器内部图

这项工作，是用电磁场来把像电子和质子这样的粒子，加速到速度与光速相差不多，然后用这种高能粒子束来打碎普通物质的靶，或是让它们与迎面而来的另一束粒子对撞。当一些粒子经过这种碰撞而突然停下来时，它们的动能就被释放出来，并能够按照爱因斯坦的质能关系（$E=mc^2$）转化为其他粒子。

强调这些新粒子纯粹是由能量制造出来的这一点很重要。说一个快速运动的电子和一个中子发生碰撞而产生了新的粒子，这并不是说那些新粒子原本就隐藏在中子里面。在这种碰撞实验中，产生的那些粒子的质量之和，也许比一个中子的质量大很多倍，所有的质量都是从碰撞粒子的动能转化而来的。

到了20世纪50年代末已得知，有几十种粒子，都能以这种方式由能量产生出来。它们的寿命很短，很快就衰变成高能光子和普通的稳定粒子的混合物。不论从哪种意义上讲，怎么能把如此大量的粒子都看作是“基本粒子”呢？如何才能在这种混乱无序中找到某种秩序呢？

物理学家第一步是按粒子的某些性质，把它们分成组。首先是按质量的大小或者说轻重来划分。质量重的粒子（比如质子和中子）称为重子；质量轻的粒子（比如电子）称为轻子；质量介于重子和轻子之间的粒子（比如π介子）则称为介子。光子没有静止质量，哪一组也不属于，故自成一组。后来人们发现，这样按轻重划分，不能体现粒子参与相互作用的本领，有相同本领的一些粒子，有的质量却相差很大。就像按人的体重来组织篮球队和乒乓球队一样，如果胖子一律打篮球，瘦子一律打乒乓球，那么结局一定会很糟糕，因为有的胖子会打乒乓球而不适合打篮球，反之亦然。于是，物理学家按照粒子的实际本领，或者说受力情况给粒子分类。我们熟悉的力是引力和电磁力，而用来给粒子分类做依据的是强力。强力是一种什么样的力呢？顾名思义，这种力很强，比引力和电磁力都强得多。人们最初认识到，它是使原子核得以形成并保持稳定的一种力，也称它为核力。试想，重元素的原子核内含有几十个带正电荷的质子（比如金原子核里面有79个质子，银有47个），它们之间的静电排斥力是相当大的，若没有一种比电磁力强得多的力来维持的话，原子核势必会四分五裂。总而言之，强力或者说核力，是一种力度很强的吸引力，而且与电荷无关，从而能把质子和中子吸引在一起。实验发现，像电子这样的轻子不受强力作用，而所有重子和介子都受强力作用。于是人们把重子和介子统称为强子，意思是受强力作用的粒子。20世纪50年代令人为难的粒子激增问题，主要涉及的是强子，许多新的强子都是由人工制造出来的。

1961年，美国物理学家盖尔曼和以色列物理学家内埃曼，各自独立地找到一种按强子性质（质量和电荷量等）来排列的方法，这种方法被盖尔曼命名为“八重法”，因为它把粒子按8个分成一组。这种方法和早在19世纪60年代门捷列夫对化学元素所做的分类，即现在我们称为元素周期表的那种形式极为相似。门捷列夫对化学元素的分类，在表中某个确定的位置留下空缺，空

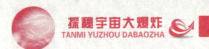

物理学家盖尔曼

位对应着尚未被发现的元素；同样，八重法也在某些组中留下空位，此空位对应着尚未被发现的粒子。而且，门捷列夫周期表，是在表中空位所预言的新元素被发现的时候，才被证明是有效用的。同样，盖尔曼和内埃曼也恰恰是在空位所预言的粒子被发现的时候，才成功地证明了这种分类方法的正确性。由于在基本粒子分类中所做的这项工作和其他贡献，盖尔曼获得了1969年诺贝尔物理学奖。

由于原子可分，原子的性质由组成它的粒子即电子、质子和中子的数量和性质所决定，使得元素周期表中的次序得到了解释。一个很自然的猜测是，如果强子也是由某些真正的基本粒子以不同的排列方式组成的，那么八重法分类中的次序也许可以得到解释。可是，物理学家曾经习惯于把质子和中子想象为不可分割的基本实体，因此历时很久，才转而接受质子和中子可能是由更小的粒子组成的复合体的这种思想。

关于强子内部含有更深层次的粒子这一思想，最初是由内埃曼和他的一个同事，在1962年迈出了尝试性的一步。他们写了一篇文章提出，每个重子也许是由三种更基本的粒子组成的。这篇论文没有引起人们注意，一方面是因为八重法本身还没有完全被人们所接受；另一方面正如内埃曼所说："由于它本身还不够深入，是把这种基本的单元看作是粒子，还是尚未具体化的抽象的场，这点还不确定。"

美国加州理工学院的博士研究生茨威格，是一个不受这些约束的人。名义上茨威格受著名物理学家费曼的指导，其实在很大程度上他是独立工作的。茨威格对八重法的优美与简捷很感兴趣，而且很快就认识到，他引入并且称之为"爱司（王牌的意思）"的基本实体，如果由一对爱司组成介子、由3个爱司组成重子，那么就可以解释粒子的八重法。从一开始，茨威格就把这些基本实体，看作是真正的粒子而不是"抽象的场"。而且，为了使得这个方案有效，他的爱司一个个都必须带有分数倍电子电荷量。也就是说，若把电子上的电荷量定为一个单位的话，则爱司所带的电荷量只能为 2/3 或 1/3。对这种分数电荷可能带来的指责，他也毫不顾忌。尽管茨威格把他的这些想法写下来准备发表，但受到的是很不公正的对待，以至于论文从没有以它最初的原稿正式发表过。

茨威格的工作不久就被盖尔曼所超过，后者在加州理工学院完全独立地想到了同样的方法。茨威格自信地把爱司看作是真正的实体；而内埃曼只考虑它们是“抽象的场”；盖尔曼则更加谨慎，他所走的正好是介于这二者之间的中间道路。像茨威格一样，盖尔曼给这些基本实体起名“夸克”，但对于它们的真实性也表示怀疑。

由于这些原因，所以物理学家过了很长时间才相信在强子内部确实存在着什么。当物理学家真正相信强子内部真有这些实体时，他们接受的是盖尔曼的命名而不是茨威格的。按盖尔曼所说，他起的这个名字是个虚构的没有实际意义的词，只是由于他从前读过一本叫《芬尼根彻夜祭》的书，对书中的一段话印象深刻，于是就把这种基本实体称为“夸克”。这种叫法沿用至今。

需要强调的是，在 20 世纪 60 年代中期，粒子物理的状况确实是混乱的。大多数人把夸克模型看作是一种疯狂的想法，就连盖尔曼本人最多也不过是半信半疑。虽然盖尔曼继续发展这一思想，但由于高能加速器实验从没有真正找到带有分数倍电子电荷量的自由粒子的任何证据，所以许多物理学家觉得很难相信夸克的真实性。

物理学家费曼

费曼认为要想取得进展，就得无视他人做的事情而从头开始。于是，他开始全力研究强子碰撞的理论——比如，当一个质子以很高的速度（即以很高的能量）和另一个质子（或反质子）碰撞时，看看发生了什么。

1968 年，费曼提出了一种模型，把每个强子看作点状粒子的云，来描述这种碰撞中的现象。对于这些内部成分的本质，他谨慎地持不可知的态度，即认为它们可能是夸克，也可能不是。他没有推测强子内部成分的本质，只将这些成分命名为“部分子”。这个名字相当糗，仅表示它们是强子的一部分，对粒子的本质（甚至是数目）都不夹带什么猜想。就在那时，一台新的粒子加速器在美国加利福尼亚北部的斯坦福大学建成了，它被称为斯坦福直线加速器中心。加速器用一个长 3.2 千米的笔直管道向靶发射电子束，在靶上与静止的质子碰撞，并从碰撞点产生粒子碎片。研究者希望通过探测这样产生的粒子而弄清质子内部的状况。几十年之前，卢瑟福就是以同样的方式，通过能量比这低得多的粒子被原子散射，揭示了原子核的存在。

这些实验，当时是由麻省理工学院和斯坦福直线加速器中心的联合小组承担的。实验的最初结果，由斯坦福的理论物理学家比约肯做了解释。比约肯绘出了在不同能量时有关碰撞现象的曲线，却没有找到一种简单的物理图像来说明所发生的事。1968 年 10 月，费曼回到斯坦福直线加速器中心报告了他的想法，于是部分子模型像野火一样在那个小组蔓延。在随后的几年中，实验和理论齐头并进，有一点逐渐变得清楚了：原来部分子与夸克是等同的。我们知道电子是被携带电磁力的虚光子云所围绕。有关质子或中子内的情况，现在是这样一幅图案：夸克伴随有携带强力的“胶子”云，从而使其与夸克结合在一起。

然而，在夸克理论中仍存在一个主要的问题。如果有带 1/3 或 2/3 电子电荷量的粒子，为什么没有人看到过它们呢？在它们可能具有的性质中，带有分数电荷量是一个很显著的特点，按道理说应该在最简单的实验中观察到它。如果夸克真的存在，那么在自然界中，从没有看到过分数电荷量的原因就只有一个，那一定是因为某种缘故，夸克被禁闭在强子之中，而不能自由地游荡。在这种情况下，总可以使由一对夸克组成的介子中的电荷量相加而得到整数，如零（+1/3 和 −1/3 相加）或 1（+2/3 和 +1/3 相加）；类似的，让 3 个夸克结合起来就可以组成重子，比如这样两组：（+2/3、−1/3 和 −1/3）或是（+2/3、+2/3和 −1/3）。

这样出现的一种图像是，当夸克之间相距较远时，使夸克结合在一起的力必定更强些。这既奇怪又非常自然。在物理学中，我们常常要处理像引力或电磁力这样的力，当两个物体彼此靠近一些时力就强一些。而另一方面，在日常世界里我们也有力随距离的增加而变大的例子，如用力拉一条弹性带子，你就会确确实实感受到夸克之间的力的情况。

两个夸克之间的一次碰撞，将会纯粹由能量产生出新粒子，形成一股沿夸克的逃逸方向运动的喷注（像粒子流的喷泉一样）。但问题是，在最初碰撞处产生的粒子喷注中，并没有单个夸克；喷注中的粒子仍然是由成对的夸克和3个一组的夸克形成的，本想挣脱强力束缚的这一连串的夸克，最终仍得不到“单身”的自由。

从1972年以来，欧洲核子研究中心的科学家，就在粒子对撞中测到了这种喷注。在20世纪70年代，该中心和其他地方的研究者，随着他们的实验手段越来越先进，从而发现的这类喷注事例也越来越多。重要的一点是，从碰撞产生的喷注来看，在碰撞的瞬间，夸克几乎感受不到强力的束缚。它们彼此靠近时，根本不觉得它们是被禁闭着的（这是一种称为渐近自由的性质），只在它们要逃逸时才有约束感。被一根弹性带子拴着的两个人，就是这种情形。传递夸克之间这种“有弹性”力的粒子是胶子，它们像夸克一样也带有“颜色”。

知识点

电子束

电子束又称电子注，是利用电子枪中阴极所产生的电子在阴阳极间的高压加速电场作用下被加速至很高的速度，经透镜会聚作用后，形成密集的高速电子流。电子束具有高能量密度，电子显微镜和电视机就是利用电子束形成影像的。

延伸阅读

夸克的质量

在说到夸克质量时，需要用到两个词：一个是“净夸克质量”，也就是夸克本身的质量（顶夸克有着很大的质量，一个顶夸克大约跟一个金原子核一样重）；另一个是“组夸克质量”，也就是净夸克质量加上其周围胶子场的质量。这两个质量的数值一般相差甚远。一个强子中的大部分的质量，都属于把夸克束缚起来的胶子，而不是夸克本身。尽管胶子的内在质量为零，但它们拥有能量，更准确地说，拥有量子色动力学束缚能（QCBE）。就是它为强子提供了绝大部分的质量。

量子物理的实际应用

LIANGZI WULI DE SHIJI YINGYONG

量子理论是现代物理学的两大基石之一，它给我们提供了新的关于自然界的表述方法和思考方法，揭示了微观物质世界的基本规律，为原子物理学、固体物理学、核物理学和粒子物理学奠定了理论基础，很好地解释了原子结构、原子光谱的规律性、化学元素的性质、光的吸收与辐射等。扫描隧道显微镜以及量子隐形传送等都是量子理论的实际应用。

隧道效应与核裂变

量子不确定性（即测不准原理）的一个推论是：存在着一种被称为隧道效应的过程。这种效应可以圆满地解释许多现象，其中包括太阳为什么发光。像太阳这样的恒星，是通过原子核的聚变产生能量的。发生核聚变，必须要有两个带正电的原子核（最简单的情况是两个氢原子核，每个氢原子核由一个质子组成）聚合到一起。然而，根据经典的电磁理论，这是不可能的。因为两个带正电的粒子会彼此排斥，不可能相互聚合。量子物理则能够解释为什么可以发生这样的聚合。由于存在着量子不确定性，当两个质子靠近得距离非常小时，它们之间是接触还是不接触，是能够聚合还是不能够聚合，事情是不确定的。关于这个问题也可以从波的性质来进行分析。如果两个量子实体彼此相距到如此接近，以至于它们的波函数出现重叠，那么，波函数之间的相互作用就能够把它们拉引到一起。这是因为，两个粒子要靠近到一起，必须要克服按照经典物理学存在于它们之间的那堵电势壁垒，而粒子却能够像“穿过隧道”一样通过那个“小山”的阻隔。

如果在恒星的内部没有量子物理所预言的那些现象，那么太阳不会发光，从而也不会有地球上的我们。在相反的过程中，如原子核释放出粒子发生放射性衰变的过程，如核裂变的过程，也有隧道效应在起作用。处在一个原子核内部的那些粒子是被一种被称为强核力的力量维系在一起的。这种强核力只作用在一个很短的距离（因此原子核非常小），但是，原子核内部的质子和中子所以能够彼此接触，正是多亏了这种强核力来克服使它们彼此排斥的那种电力（就像可以用手压缩弹簧阻止它弹开）。这种情况就如同处在一个很深的火山口里的粒子，它们如果要爬出那个深渊，只须奋力爬到火山口的边缘，在那里就会有起排斥作用的电力帮助它们迅速脱离火山口。隧道效应的存在，使得有一些原子核内的一些粒子，即使不具有能够爬上这种壁障顶部的能量，也能够逃逸出原子核。

关于粒子从原子核逃逸，还有更加奇特的事情。在聚集成一大堆具有放射性的原子核中，它们并不是以上述方式一下子全部都发生衰变。对于单个的原子核，它的衰变严格遵循随机定律，是随机发生的。对于一种特定的放射性元素，则存在着一个表示其放射特性的特征时间，叫作半衰期。在一个半衰期的时间里，将有一半的原子核发生衰变。在下一个半衰期内，余下的原子核中也只有一半发生衰变，如此等等。因此，如果从 128 个原子核开始发生衰变，假定半衰期为 10 分钟，那么，在经过 10 分钟以后，会有 64 个原子核发生了衰变。再过 10 分钟，将会有 32 个原子核发生了衰变。在接着的第三个 10 分钟里，则有 16 个原子核发生衰变，如此等等。想要预先知道一个特定的原子核何时发生衰变，是立即衰变，还是 10 分钟、半小时或者更长时间以后发生衰变，那是不可能的。衰变就像掷骰子，是随机发生的。

知识点

核聚变

核聚变是指由质量小的原子，主要是指氘或氚，在一定条件下（如超高温和高压），发生原子核互相聚合作用，生成新的质量更重的原子核，并伴随着巨大的能量释放的一种核反应形式。太阳发光发热的能量来源就是其内部发生的核聚变反应。目前人类已经可以实现不受控制的核聚变，如氢弹的爆炸。但是要想能量可被人类有效利用，必须能够合理地控制核聚变的速度和规模，实现持续、平稳的能量输出，但是目前可以控制核聚变速度和规模的技术还不成熟。

延伸阅读

扫描隧道显微镜的重要伙伴——原子力显微镜

宾尼和罗赫尔关于 STM（扫描隧道显微镜）的工作还导致了另一项技术的出现。STM 产生的图像与表面物质的电性质有关。这些电性质可能会很复杂，以至于形成的图像很难解读。1985 年，宾尼拜访他的加利福尼亚同事的时候，与他们一起研制了一种新的扫描探测显微镜——原子力显微镜（叫 AFM）。AFM 不用隧道电流，而是利用了安装在一条悬臂上的一根尖锐的钻石探针。当钻石针尖在物体表面移动的时候，微弱的原子力会使悬臂弯曲。这种弯曲大小是可以检测的，有好几种办法可以测量这种弯曲。宾尼使用了一台

STM 来测量悬臂的微小运动。如今 AFM 已经成了一种表面分析的标准仪器，是 STM 的重要补充。

量子属性与生命基因工程

量子物理对于生命的关键性物质也起着至关重要的作用。量子物理圆满地说明了原子如何结合起来形成分子，具体说来，即描述了原子之间以怎样的方式共享电子从而形成最稳定的化合物。把不同原子组合在一起形成分子的原子之间的那些连接，叫作化学键。化学键通常只涉及围绕原子核的电子云中的最外层电子。有一个例外是氢原子。氢原子只有一个质子和一个电子，多亏电子具有量子力学赋予的性质，它才仍然能够包围着质子。当氢原子唯一的电子与其他原子核共享而构成普通的化学键以后，当然就没有可以隐蔽质子的内层电子了。

这样一来，质子的正电荷就会有一部分暴露在外，当然只是一部分暴露。按照经典推论的观点，绝对不可能是这样。电子只能够要么是偏在原子核的这一侧，要么是偏在另一侧，作为这部分屏蔽的结果，已经参与到化学键中偏向一侧的氢原子，仍然能够在另一侧有效地显示它所带有的部分正电荷，而这些正电荷就可以把电子云中的电子吸引过来，使之同时也围绕着另一个分子。结果是，氢原子可以形成所谓的氢键，它就像一座桥梁，能够把两个分子连接在一起。氢键比起普通键来，连接强度要弱得多。

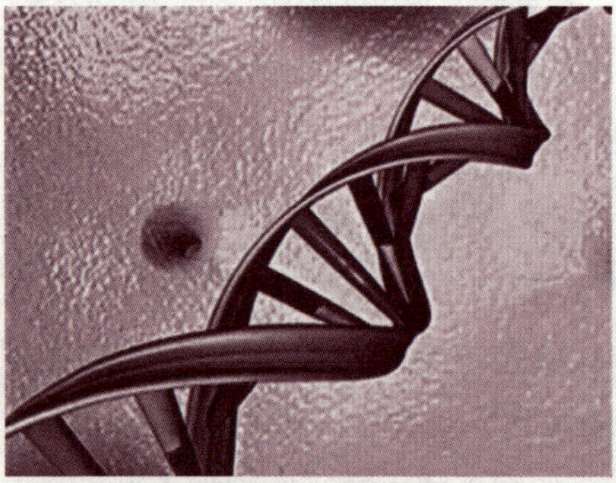

DNA 双螺旋结构

氢键的强度取决于电子的量子性质，可以计算出来。计算得到的氢键强度是普通化学键的 1/10，这与实验测量的结果十分一致。这又一次证实了量子物理应用于真实世界是十分可靠的。然而，氢键的特别重要性还在于脱氧核糖核酸（DNA）就是靠它维系的。DNA 被称为生命分子，由两根链线互相盘绕成螺旋状，而两线之间一个接一个排列着许多氢键，犹如拉链一般把两根链线扣结在一起。从 DNA 读出基因并由细胞加以利用的过程，就是这种相对较弱的氢键像拉链那样被拉开，而在此过程完成时，氢键拉链又被重新拉合。在基因工程的某些操作中，就利用了这种细胞手段来从完全拉开的 DNA 上切下片断，然后把它们转移，再同其他基因材料拼合起来。正是电子所具有的量子属性，才使得生命本身以及基因工程成为可能。

知识点

生命分子 DNA

DNA 又叫脱氧核糖核酸，是一类带有遗传信息的生物大分子。在生命的复制中，最重要的是 DNA。DNA 位于染色体上，但染色体只是 DNA 的载体。在遗传中，真正的遗传信息是包含在 DNA 中的。所以，科学家们用一句话概括了 DNA 的重要性：DNA 是生物的遗传物质，是名副其实的生命分子。

延伸阅读

用原子排成“IBM”

物理学家宾尼和罗赫尔在扫描隧道显微镜的实验中发现，探针的针尖偶尔会捡起一个原子。如果再移动针尖，就可以把原子在物体表面来回移动。

加利福尼亚阿尔马登IBM研究中心的一个研究小组，利用STM这种移动原子的能力，发展了一项激动人心的新技术。埃哈德·施外泽最早利用STM把原子排列成了“IBM”的字样。他们首先在高真空中制备了一块干净的镍金属表面，为了把热运动的干扰降到最低，他们用液氦把系统冷却到低至绝对温度4度。艾格勒和施外泽随后在实验装置中导入一些氙气，并用STM找到吸附到镍金属表面的氙原子。他们把35个原子拖到合适的位置上排列起来，最后拼出了IBM 3个字母，字母“I”用了9个原子，“B”和“M”各用了13个原子。拼一个字母大约需要1个小时。他们发现，在这样低的温度下，实验装置非常稳定，因此“操作每个原子的时候即使要花上数天时间都没有问题”。

电子的量子性质与激光器

电子的量子性质在电子学中也有非常重要的作用，这在微芯片的设计中体现得尤为突出。例如，某些电路的性能，就完全依赖于电子能够隧穿过壁垒的那种能力。在日常生活中，离我们最近的对量子物理的应用是激光器。激光器是在每一台光盘播放机中都必须要安装的一种器件。

现代激光器

当聚集在一起的许多原子或者分子被加热以后，它们就获得了能量（叫作被激发），这时，它们内部的电子被激发到较高的能级。当原子或者分子冷却下来时，这些电子则会下跳到较低的能级（跃迁），同时辐射出光。这种辐射光的过程带有一定的随机性，然而，如果向一种合适的材料输入很弱的辐射，向其馈入的是与该材料正相匹配的能量，结果就会把材料所有原子（至少是很多原子）中的电子全都提升到相同的激发状态。在这种情况下，当这些电子从激发态跳回到原来的基态时，它们中的每一个电子都会辐射出一个具有完全相同能量的光子，也就是说，所有电子辐射的光波全都具有完全一样的波长。正是由于亿万个这样的光子全体同步行进，激光器所发出的才会是一束强度非常大的纯单色光。

激光器的原理就是这样简单，追溯起来，它其实最早是来自爱因斯坦在1916年所做的那些计算。但是，在技术上，要把大量的原子提升到同样的激发态，并使它们保持在这种状态，直到受到外界触发才释放出能量，困难实在太大，因此，直到爱因斯坦发表他的计算40年以后，才研制出了首批激光器。在今天，得到商家免费赠予的一个真正的激光器也不是件什么困难的事。这种例子生动地说明，自从爱因斯坦和玻尔所处的那个时代以来，量子物理已经深入到我们的日常生活。不过，量子世界仍然还有许多领域有待我们去探索，有待我们去把它们转化成未来的新技术。

知识点

微芯片

微芯片是采用微电子技术制成的集成电路芯片。微芯片是由杰克·基尔比在1958年9月12日发明的，这个装置揭开了人类20世纪电子革命的序幕，同时宣告了数字时代的来临。微芯片上的器件密度已达到人脑中神经元的密度水平。这样水平的微芯片将促使计算机及通信产业更新换代，大大改变人们生产、生活的面貌。如今，用微芯片制作的手提式超级计算机、电子笔记本、微型翻译机和便携式电话等已陆续出现。

延伸阅读

激光器的分类

根据工作物质物态的不同可把激光器分为以下几大类：

(1) 固体激光器：这类激光器所采用的工作物质，是通过把能够产生受激辐射作用的金属离子掺入晶体或玻璃基质中构成发光中心而制成的。

(2) 气体激光器：这类激光器采用的工作物质是气体，并且根据气体中真正产生受激发射作用之工作粒子性质的不同，而进一步区分为原子气体激光器、离子气体激光器、分子气体激光器、准分子气体激光器等。

(3) 液体激光器：这类激光器所采用的工作物质主要包括两类：一类是有机荧光染料溶液，另一类是含有稀土金属离子的无机化合物溶液，其中金属离子起工作粒子的作用，而无机化合物液体则起基质的作用。

(4) 半导体激光器：这类激光器是以一定的半导体材料做工作物质而产生受激发射作用的，其原理是通过一定的激励方式，在半导体物质的能带之间或能带与杂质能级之间，通过激发非平衡载流子而实现粒子数反转，从而产生光的受激发射作用。

(5) 自由电子激光器：这是一种特殊类型的新型激光器，工作物质为在空间周期变化磁场中高速运动的定向自由电子束，只要改变自由电子束的速度就可产生可调谐的相干电磁辐射，原则上其相干辐射谱可从X射线波段过渡到微波区域。

不确定性与照相成像

想象一下，我们在一个黑夜里观察一颗很暗的星星。我们能看见星星，是因为从星星来的光，使我们眼睛里面视网膜上的化学物质发生变化。为了保证这些化学反应能够进行，光的能量必须以确定范围的小块的形式——光子——到达视网膜。眼睛是一个很好的光子探测器：一个光子就可以激发一个视网膜细胞。当然，一般情况下，很多光子还没有到达视网膜，就被眼睛吸收了。出于这一原因，大约只有百分之几进入眼睛的光子真正被眼睛探测到。显然，看东西这种化学反应过程必须是可逆的——实际上，大约 0.1 秒以后视觉细胞就会回到它以前的正常状态。照相术通过把这种化学变化永久保存在感光乳剂里，克服了眼睛的这种限制。

与在眼睛中一样，单个光子就能够使胶卷上特别制备的一层感光物质发生化学变化。这种感光乳剂中的活性成分是什么？答案是：银。感光胶片里面有很多银化合物颗粒，颗粒里面的银是“离子化”的。一个银离子就是失去了一个电子的银原子，电子带负电荷。正常情况下，原子是电中性的，所有电子所带的负电荷正好被原子核所带的正电荷完全抵消。这样，一个银离子就带有一个净正电荷。当光子被乳液吸收的时候，有时候会放出一个电子，就像在光电效应中电子被从金属里面打出来一样。这个电子会被一个银离子吸引，结合形成一个中性的银原子。游离出来的银原子被含有银离子的化合物包围，这是不稳定的。银原子很容易放出电子，重新变成银离子。如果在它变成银离子之前，又有一些光子在它的附近产生了另外几个银原子，这时就会形成一个由几个银原子组成的稳定“显影中心”。每个乳液颗粒含有数十亿个银离子。胶片在显影时，中性的银原子微簇将导致颗粒里面所有其他银离子还原成银原子，并析出成为不透明的金属银颗粒。怎么才能利用照相术帮助我们看到非常微弱的星星呢？这种光线非常微弱的星星，因为照射到地球上的光子数量很少，在胶片上形成显影中心的机会也就非常小。但是如果我们等待的时间长一些，就可以增加显影底版上的曝光量，就会有更多的光子过来，形成显影中心的可能性就会增加。下图展示了仙女星系不同曝光时间的照片。外旋臂的细节用肉眼是看不见的，但是在长曝光时间的照片上就显现出来了。

实验证明，如 3000 个左右的光子进入照相机，这些光子中的大部分将被吸收，不会在乳液中产生永久性的变化。也就是说，3000 个左右的光子不够

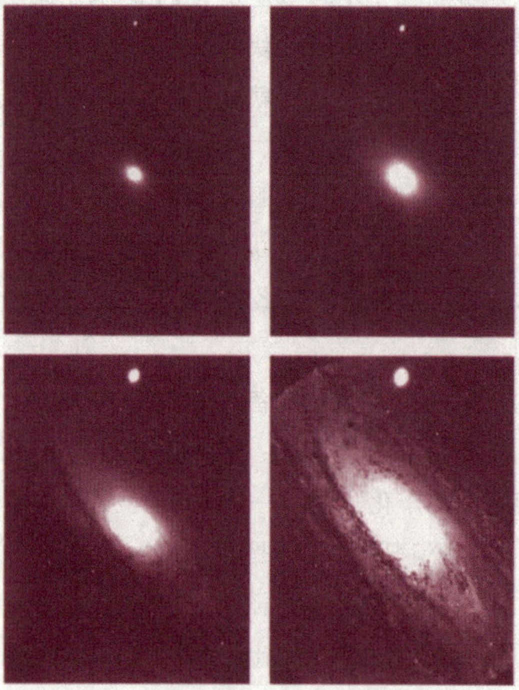
仙女星系的四张照片

形成一张可以分辨的图像，照片看起来只是一些或多或少的随机点。如有1万个左右的光子进入照相机，虽然图像还不清晰，但可以出现模糊轮廓。随着不断增加进入的光子量，图像质量会不断改善。如有3000万个左右的光子参与曝光过程。图像强度从一个地方到另外一个地方的变化将会非常平滑。实际上，照片是由很多微小的显影中心形成的，一个显影中心又是由很多单光子引起的。而且，虽然在曝光量最低的照片上，各个亮点——代表乳液颗粒中显影中心的位置——所在的位置粗看起来似乎是随机的，但实际上，它们的位置并不随机。显影中心更多地在以后图像很亮的地方出现。因此，即使在照一张照片这种非常普通的行动中，我们也能看到光的量子的随机的自然属性。我们不能肯定地说，光子一定会出现在哪个地方，或者说哪一颗粒中一定会形成显影中心。我们所有的讨论只能限于概（几）率。

照相乳液对单个光子并不敏感，要形成一个显影中心必须有好几个中性银原子产生。在现在的宇宙学研究中，使用了一种新型的探测器，几乎已经完全代替了照相底版。这就是所谓的“电荷耦合装置”，简称为“CCD”，它可以探测单个光子。在观测光线非常微弱的星际物体时，它比照相技术效率高得多，一个CCD放在一块硅片上，是一个由很多微小的“光子探测器”组成的阵列。硅是一类“半导体”。粗略地说，半导体就是电性质介于金属和绝缘体之间的一类材料，金属能让电流自由通过，而绝缘体不允许电流通过。硅还有一个性质，就是只需要很少的能量，就可以把原子里面的电子打出来。通过调整 CCD 的工作温度，可以让硅对单个光子的通过非常敏感。每一个“探测器”实际上只是一小块硅，在硅上，电子被通过的光子打出来，并被计数。通过测量阵列上每一个位置积累的电荷，就可以得到打到 CCD 上的光子们对应的图案。在新的数码照相机中，CCD 已经开始被用来代替胶片了。即使这种新的 CCD 技术，也已经受到另一种更新的光电探测器——互补金属氧化物半导体的挑战。这些新的器件生产起来更便宜，因为它们与现代微处理器工业一样，都是基于硅加工技术的。但到现在为止，这种新的光电器件还没有 CCD 器件的成像质量高。

通过上面的举证论述，我们知道了，在一些诸如胶片照相和现代电子成像之类的普通事件中，量子不确定性原理是如何表现出来的。

知识点

感光乳剂

感光乳剂是指一种具有感光性质的涂料，通常由溴化银和明胶组成，其中的溴化银起主要的感光作用。明胶起着载体和加强光敏性的作用。感光乳剂涂到片基上就成了可以感光的胶卷；涂到特殊的纸上就成了相纸了。感光乳剂在室温时是奶黄色黏稠状液体，当温度降到 10℃ 左右时即凝结成胶冻状。

延伸阅读

照相机成像过程

传统照相机成像过程是这样的：

(1) 经过镜头把景物影像聚焦在胶片上。

(2) 胶片上的感光剂随光发生变化。

(3) 胶片上受光后变化了的感光剂经显影液显影和定影，形成和景物相反或色彩互补的影像。

数码相机成像过程：

(1) 经过镜头光聚焦在成像元件 CCD 或 CMOS 上。

(2) CCD 或 CMOS 将光转换成电信号。

(3) 转换器将每个像素上的光电信号转变成数码信号，再经处理器处理成数码图像，存储到存储介质当中。

(4) 通过电脑处理和显示器的电光转换，或经打印机打印便形成影像。

最新通信技术——量子通信

量子通信是指利用量子纠缠效应进行信息传递的一种新型的通信方式，是量子论和信息论相结合的新的研究领域。量子通信主要涉及量子密码通信、量子远程传态和量子密集编码等，如今这门学科已逐步从理论走向实验，并向实用化发展。

量子通信主要是量子隐形传送。所谓隐形传送指的是脱离实物的一种“完全”的信息传送。从物理学角度，可以这样来想象隐形传送的过程：先提取原物的所有信息，然后将这些信息传送到接收地点，接收者依据这些信息，选取与构成原物完全相同的基本单元，制造出原物完美的复制品。但是，量子力学的不确定性原理不允许精确地提取原物的全部信息，这个复制品不可能是完美的。因此长期以来，隐形传送不过是一种幻想而已。1993 年，6 位来自不同国家的科学家，提出了利用经典与量子相结合的方法实现量子隐形传送的方案。其基本思想是：将原物的信息分成经典信息和量子信息两部分，它们分别经由经典通道和量子通道传送给接收者。经典信息是发送者对原物进行某种测量而获得的，量子信息是发送者在测量中未提取的其余信息。接收者在获得这两种信息后，就可以制备出原物量子态的完全复制品。该过程中传送的仅仅是原物的量子态，而不是原物本身。发送者甚至可以对这个量子态一无所知，而接收者是将别的粒子处于原物的量子态上。

量子通信是利用了光子等粒子的量子纠缠原理。量子通信学告诉我们，在微观世界里，不论两个粒子间距离多远，一个粒子的变化都会影响另一个粒子的现象就叫量子纠缠，这一现象被爱因斯坦称为“诡异的互动性”。科学家认为，这是一种“神奇的力量”，可成为具有超级计算能力的量子计算机和量子保密系统的基础。

潘建伟

1997年，在奥地利留学的我国青年学者潘建伟与荷兰学者波密斯特等人合作，首次实现了未知量子态的远程传输。这是国际上首次在实验上成功地将一个量子态从甲地的光子传送到乙地的光子上。实验中传输的只是表达量子信息的“状态”，作为信息载体的光子本身并不被传输。为了进行远距离的量子态隐形传输，往往需要事先让相距遥远的两地共同拥有最大量子纠缠态。但是，由于存在各种不可避免的环境噪声，量子纠缠态的品质会随着传送距离的增加而变得越来越差。因此，如何提纯高品质的量子纠缠态是量子通信研究中的重要课题。国际上许多研究小组都在对这一课题进行研究，并提出了一系列量子纠缠态纯化的理论方案，但是没有一个是能用现有技术实现的。潘建伟及其合作者在如何提纯高品质的

2005年，潘建伟（左）获得欧洲物理学会菲涅尔奖

量子纠缠态的研究中取得了新突破。原则上解决了目前在远距离量子通信中的根本问题。这项研究成果受到国际科学界的高度评价，被称为“远距离量子通信研究的一个飞跃”。

2007 年 6 月，一个由奥地利、英国、德国研究人员组成的小组在量子通信研究中创下了通信距离达 144 千米的最远纪录。由于大气容易干扰光子脆弱的量子状态，因此远距离量子通信有着很大的难度。这个科研小组想出办法，他们通过人造卫星来发送光子。由于大气随高度的增加而日趋稀薄，在卫星上旅行数千千米只相当于在地面上旅行几千米。为证实地面能观测到从轨道卫星上发送回来的光子，这个科研小组从意大利马泰拉激光测距天文台的望远镜向阿吉沙人造卫星（阿吉沙人造卫星由 318 面镜片组成）发射出一束普通的激光。最终从精确的镜片上反弹回来的单批光子成功地回到了此天文台。

与目前成熟的通信技术相比，量子通信具有巨大的优越性，具有保密性强、大容量、远距离传输等特点。量子通信不仅在军事、国防等领域具有重要的作用，而且会极大地促进国民经济的发展。

知识点

人造卫星

人造卫星是环绕地球在空间轨道上运行（至少一圈）的无人航天器。人造卫星是发射数量最多、用途最广、发展最快的航天器。人造卫星发射数量约占航天器发射总数的 90% 以上。按运行轨道区分，人造卫星可分为低轨道卫星、中轨道卫星、高轨道卫星、地球同步轨道卫星、地球静止轨道卫星、太阳同步轨道卫星、大椭圆轨道卫星和极轨道卫星；按用途区分，人造卫星可分为科学卫星、应用卫星和技术试验卫星。

延伸阅读

我国在量子通信研发中的成绩

中国科技大学合肥微尺度物质科学国家实验室的潘建伟教授及其同事，利用冷原子量子存储技术在国际上首次实现了具有存储和读出功能的纠缠交换，建立了由300米光纤连接的两个冷原子系统之间的量子纠缠。这种冷原子系统之间的量子纠缠可以被读出并转化为光子纠缠，以进行进一步的传输和量子操作。该实验成果完美地实现了长程量子通信中急需的“量子中继器”，向未来广域量子通信网络的最终实现迈出了坚实的一步。

奥地利科学家在理论上提出，可以通过量子存储技术和量子纠缠交换和纯化技术的结合来实现量子中继器，从而最终实现大规模的长程量子通信。量子存储的实验实现却一直存在着很大的困难。为了解决量子存储问题，很多科学家做了大量的研究工作。奥地利、美国一些科学家曾于2001年提出了基于原子系统的另一类量子中继器方案。由于这一方案具有易于实验实现的优点，受到了学术界的广泛重视。然而，随后的研究表明，由于这一类量子中继器方案存在着诸如纠缠态对信道长度抖动过于敏感、误码率随信道长度增长过快等严重问题，无法被用于实际的长程量子通信中。为了解决上述困难，潘建伟等人在理论上提出了具有存储功能，并且对信道长度抖动不敏感，误码率低的高效率量子中继器方案。同时，潘建伟研究小组与德国、奥地利的科学家经过多年的合作研究，在逐步实现了光子－原子纠缠、光子比特到原子比特的量子隐形传态等重要阶段性成果的基础上，最终实验实现了完整的量子中继器基本单元。

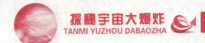

量子化学的研究与应用

LIANGZI HUAXUE DE YANJIU YU YINGYONG

量子化学是理论化学的一个分支学科，是应用量子力学的基本原理和方法研究化学问题的一门基础科学。研究范围包括稳定和不稳定分子的结构、性能，及其结构与性能之间的关系；分子与分子之间的相互作用；分子与分子之间的相互碰撞和相互反应等问题。

量子化学的诞生及发展历程

1926 年和 1927 年，物理学家海森堡和薛定谔各自发表了物理学史上著名的测不准原理和薛定谔方程，标志着量子力学的诞生。在那之后，展现在物理学家面前的是一个完全不同于经典物理学的新世界，同时也为化学家提供了认识物质化学结构的新理论工具。1927 年，物理学家海特勒和伦敦将量子力学处理原子结构的方法应用于氢气分子，成功地定量阐释了两个中性原子形成化学键的过程，他们的成功标志着量子力学与化学的交叉学科——量子化学的诞生。

在海特勒和伦敦之后，化学家们也开始应用量子力学理论，并且在两位物理学家对氢气分子研究的基础上建立了三套阐释分子结构的理论。化学家莱纳斯·鲍林在最早的氢分子模型基础上发展了价键理论，并且因为这一理论获得了1954年诺贝尔化学奖。1928年，物理化学家密立根提出了最早的分子轨道理论；1931年，休克发展了密立根的分子轨道理论，并将其应用于对苯分子共轭体系的处理。贝特于1931年提出了配位场理论，并将其应用于过渡金属元素在配位场中能级裂分状况的理论研究；后来，配位场理论与分子轨道理论相结合发展出了现代配位场理论。价键理论、分子轨道理论以及配位场理论是量子化学描述分子结构的三大基础理论。

化学家莱纳斯·鲍林

早期，由于计算手段非常有限，计算量相对较小，且较为直观的价键理论在量子化学研究领域占据着主导地位。20世纪50年代之后，随着计算机的出现和飞速发展，海量计算已经是可以轻松完成的任务，分子轨道理论的优势在这样的背景下凸现出来，逐渐取代了价键理论的位置，目前在化学键理论中占主导地位。

1928年，哈特里提出了Hartree方程，方程将每一个电子都看成是在其余的电子所提供的平均势场中运动的，通过迭代法给出每一个电子的运动方程。1930年，哈特里的学生福克和斯莱特分别提出了考虑泡利原理的自洽场迭代方程，称为Hartree－Fock方程，进一步完善了由哈特里发展的Hartree方程。为了求解Hartree－Fock方程，1951年，罗特汉进一步提出将方程中的分子轨道用组成分子的原子轨道线性展开，发展出了著名的RHF方程，这个方程以及在这个方程基础上进一步发展的方法是现代量子化学处理问题的根本方法。

虽然量子力学以及量子化学的基本理论早在20世纪30年代就已经基本成

型，但是所涉及的多体薛定谔方程形式非常复杂，至今仍然没有精确解法，而即便是近似解，所需要的计算量也是惊人的。例如：一个拥有 100 个电子的小分子体系，在求解 RHF 方程的过程中仅仅双电子积分一项就有 1 亿个之巨。这样的计算显然是人力所不能完成的，因而在此后的数十年中，量子化学进展缓慢，甚至为从事实验的化学家所排斥。1953 年，美国的帕里瑟、帕尔和英国的约翰·波普使用手摇计算器分别独立地实现了对氮气分子的 RHF 自洽场计算，虽然整个计算过程耗时整整两年，但是这一成功向试验化学家证明了量子化学理论确实可以准确地描述分子的结构和性质，并且为量子化学打开了计算机时代的大门，因而这一计算结果有着划时代的意义。

1952 年，日本化学家福井谦一提出了前线轨道理论；1965 年，美国有机化学家伍德沃德和量子化学家霍夫曼联手提出了有机反应中的分子轨道对称性守恒理论。福井、伍德沃德和霍夫曼的理论使用简单的模型，以简单分子轨道理论为基础，回避那些高深的数学运算，而以一种直观的形式将量子化学理论应用于对化学反应的定性处理，通过他们的理论，实验化学家得以直观地窥探分子轨道波函数等抽象概念。福井和霍夫曼凭借他们这一贡献获得了 1981 年度的诺贝尔化学奖。

在计算方法方面，随着计算机的发展，量子化学计算方法也飞速发展，在 20 世纪 60 年代至今的数十年内，涌现出了组态相互作用方法、多体微扰理论、密度泛函分析以及数量众多、形式不一的旨在减少计算量的半经验计算方法。由于量子化学家们的工作，现在已经有大量商用量子化学计算软件出现，其中很多都能够在普通 PC 机上实现化学精度的量化计算，昔日神秘的量子化学理论，已经成为化学家常用的理论工具。约翰·波普尔与沃尔特·科恩分别因为发展首个普及的量力化学软件和提出密度泛函理论而获得 1998 年诺贝尔化学奖。

总体上看，量子化学的发展历程可分为两个阶段：第一个阶段是 1927 年到 20 世纪 50 年代末，其主要标志是三种化学键理论的建立和发展、分子间相互作用的量子化学研究。

第二个阶段是 20 世纪 60 年代以后，主要标志是量子化学计算方法的研究。计算量子化学的发展，使定量的计算扩大到原子数较多的分子，并加速了量子化学向其他学科的渗透。

知识点

分子轨道理论

分子体系中的电子用统一的波函数来描述，这种统一的波函数类似于原子体系中的原子轨道，被称作分子轨道。分子轨道理论是目前应用最为广泛的量子化学理论方法。

延伸阅读

Gaussian

Gaussian 是量子化学领域最著名和应用最广泛的软件之一，由密度泛函分析理论的提出者、量子化学家约翰·波普尔的实验室开发，可以应用从头计算方法、半经验计算方法等进行分子能量和结构、过渡态能量和结构、化学键及反应能量、分子轨道、偶极矩、多极矩、红外光谱和拉曼光谱、核磁共振、极化率和超极化率、热力学性质、反应路径等分子相关计算。可以在 Windows、Linux、Unix 操作系统中运行。

量子化学的研究范围及内容

量子化学的研究范围包括稳定和不稳定分子的结构、性能及其结构与性能之间的关系；分子与分子之间的相互作用；分子与分子之间的相互碰撞和相互反应等问题，可分基础研究和应用研究两大类，基础研究主要是寻求量子化学中的自身规律，建立量子化学的多体方法和计算方法等。多体方法包括化学键理论、密度矩阵理论和传播子理论，以及多级微扰理论、群论和图论在量子化学中的应用等。应用研究是利用量子化学方法处理化学问题，用量子化学的结果解释化学现象。

量子化学的研究结果在其他化学分支学科的直接应用，导致了量子化学对这些学科的渗透，并建立了一些边缘学科，主要有量子有机化学、量子无机化学、量子生物和药物化学、表面吸附和催化中的量子理论、分子间相互作用的量子化学理论和分子反应动力学的量子理论等。

量子化学三种化学键理论建立较早，至今仍在不断发展、丰富和提高，它与结构化学和合成化学的发展紧密相联、互相促进。合成化学的研究提供了新型化合物的类型，丰富了化学键理论的内容，同时，化学键理论也指导和预言了一些可能的新化合物的合成；结构化学的测定则是理论和实验联系的桥梁。其他许多化学分支学科也已使用量子化学的概念、方法和结论。例如，分子轨道的概念已得到普遍应用。绝对反应速率理论和分子轨道对称守恒原理，都是量子化学应用到化学反应动力学所取得的成就。今后，量子化学在其他化学分支学科的研究方面将发挥更大的作用，如催化与表面化学、原子簇化学、分子动态学、生物与药物大分子化学等方面。

量子化学研究内容主要包括下面几个方面：

分子结构

通过计算不同分子结构的体系能量，量子化学方法可以找到分子势能面上的最低点，从而确定分子在某一电子态的稳定构型。

化学反应

化学反应的过程可以看作分子体系在势能面上滑动的过程，通过量子化学的计算，可以找到势能面上的“驻点”：处于最低点的反应物和产物以及处于鞍点的过渡态，对比所有可能的反应途径极其相对应的反应活化能，可以找到最有可能的反应途径。由于化学反应的计算涉及分子体系电子态的激发、电子转移等过程，因而在计算方法上与基态分子结构有很大不同，且是目前较有挑战性的研究领域之一。

分子性质

量子化学计算可以获得分子体系的电子波函数，通过这些电子波函数可以求算偶极矩、极化率等分子性质，但是由于数学方法的局限，量子化学计算方法只能从上方逼近真实的分子体系能量，是一种近似计算。虽然能量的计算可以获得较好的结果，但是获得的电子波函数质量却很差，因而分子性质计算的精度远远不及分子体系能量的计算。另一方面，改进量子化学计算方法以获得质量更好的电子波函数也是量子化学家目前面临的挑战之一。

知识点

化学键理论

化学键理论是关于分子（或晶体）内相邻原子（或离子）间相互结合的理论。按照这种理论，原子（或离子）是以化学键的形式结合成分子（或晶体）的。

延伸阅读

合成六氟铂酸氙

化学键理论的建立和发展，日益揭示出关于原子或原子团结合形成分子的机理，大大丰富了人类对原子的中子层次上的物质组成和物质结构的知识，加深了人们对物质及其运动规律的认识。这方面的研究成果已被用来指导探索新化学反应和合成具有特殊性能的新材料。20 世纪 70 年代初，科学家们根据化学键和键能关系的考虑，按照预定的设想，成功地合成了第一个惰气化合物——六氟铂酸氙。

量子化学理论的多领域应用

在材料科学中的应用

（1）在建筑材料方面的应用

众所周知，水泥是重要的建筑材料之一。1993 年，计算量子化学开始广泛地应用于许多水泥熟料矿物和水化产物体系的研究中，并且解决了很多实际问题。钙矾石相是许多水泥的主要水化产物相之一，它对水泥石的强度起着关键作用。将量子化学理论与方法引入水泥制造领域，是一门前景广阔的研究课题，将有助于人们直接将分子的微观结构与宏观性能联系起来，也为水泥材料的设计提供了一条新的途径。

（2）在金属及合金材料方面的应用

在金属及合金材料的制造中，量子化学理论有着指导性作用，为制造新金属及合金材料提供了新方向。

随着量子化学方法的不断完善，同时由于电子计算机的飞速发展和普及，量子化学在材料科学中的应用范围将不断得到拓展，将为材料科学的发展提供一条非常有意义的途径。

在能源研究中的应用

（1）在煤裂解方面的应用

煤是重要的能源之一。近年来随着量子化学理论的发展和量子化学计算方法以及计算技术的进步，量子化学方法对于深入探索煤的结构和反应性之间的关系成为可能。量子化学计算在研究煤的模型分子裂解反应机理和预测反应方向方面有许多成功的例子，如低级芳香烃作为碳或者碳复合材料碳前驱体热解机理方面的研究已经取得了比较明确的研究结果。

（2）在锂离子电池研究中的应用

锂离子二次电池因为具有电容量大、工作电压高、循环寿命长、安全可靠、无记忆效应、重量轻等优点，被人们称为“最有前途的化学电源”，被广泛应用于便携式电器等小型设备，并已开始向电动汽车、军用潜水艇、飞机、航空等领域发展。锂离子电池又称摇椅型电池，电池的工作过程实际上是锂离子在正负两电极之间来回嵌入和脱嵌的过程。因此，深入锂的嵌入—脱嵌机理对进一步改善锂离子电池的性能至关重要。随着人们对材料晶体结构的进一步认识和计算机水平的更高发展，相信量子化学原理在锂离子电池中的应用会更广泛、更深入、更具指导性。

锂离子电池

在生物大分子体系研究中的应用

生物大分子体系的量子化学计算一直是一个具有挑战性的研究领域，尤其是生物大分子体系的理论研究具有重要意义。由于量子化学可以在分子、电子水平上对体系进行精细的理论研究，是其他理论研究方法所难以替代的。因此，要深入理解有关酶的催化作用、基因的复制与突变、药物与受体之间的识别与结合过程及作用方式等，都很有必要运用量子化学的方法对这些生物大分子体系进行研究。毫无疑问，这种研究可以帮助人们有目的地调控酶的催化作用，甚至可以有目的地修饰酶的结构、设计并合成人工酶；可以揭示遗传与变异的奥秘，进而调控基因的复制与突变，使之造福于人类；可以根据药物与受体的结合过程和作用特点设计高效低毒的新药；等等。可见运用量子化学的手段来研究生命现象是十分有意义的。

知识点

生物大分子

生物大分子指的是作为生物体内主要活性成分的各种分子量达到上万或更多的有机分子。常见的生物大分子包括蛋白质、核酸、脂质、多糖。与生物大分子对立的是小分子物质（二氧化碳、甲烷等）和无机物质。

延伸阅读

锂离子电池

锂离子电池是一种充电电池，它主要依靠锂离子在正极和负极之间移动来工作。在充放电过程中，锂离子在两个电极之间往返嵌入和脱嵌：充电时，锂离子从正极脱嵌，经过电解质嵌入负极，负极处于富锂状态；放电时则相反。是采用含有锂元素的材料作为电极的电池。

波与粒子

BO YU LIZI

随着各种证据的不断增多，过去一直仅被认为是一种波动的光，现在终于不得不看作既是一种波，同时又是一种粒子。在20世纪20年代初，法国物理学家德布罗意提出一种富有灵感的看法，他认为，过去被认为是粒子的电子，既是一种粒子，同时也是一种波。德布罗意利用爱因斯坦研究光子的成果，找到了一个把光的粒子特性和波的特性紧密联系起来的方程。在20世纪20年代后期，他又通过实验成功地测出了电子的波长。所有这些研究成果证明了一个事实：在量子王国的一切东西都同时既是粒子，又是波。

黑体辐射公式

不论在神话还是在鬼话里，“幽灵”总是从黑暗中出现。碰巧得很，在科学史话里，一种叫作“量子”的幽灵，第一次出现也是在黑色物体中。看来，幽灵与黑暗真有点相互依存的关系。我们在这里说的“黑色物体”，可不是一般的黑、一般的暗，让我们先看看它究竟黑暗到什么程度，再看看量子幽灵到底是什么样的新奇玩意儿。

谁都有这样的经验：在夏天穿黑色衣服比穿其他颜色的衣服要热一些。这是因为黑色衣服比较容易吸收太阳辐射的光和热。我们看见的照射在我们身上的光线，那只是太阳辐射热量的一部分，还有一部分热量同样也传给了我们，我们却不知不觉，那是肉眼看不见的热射线。因为，不论物体是发光还是发热，都同样是传递热量的辐射过程，所以科学家把它们都叫作热辐射。我们凭经验已经知道，物体吸收和反射热量的本领与物体的颜色有关，那么，黑色物体与热辐射有什么特殊的关系呢？

我们知道，物体越被加热，它发出的光就越亮，光的颜色也随着温度的升高而改变。有经验的炼钢工人能够根据一根炽热铁管的发光颜色，非常准确地说出铁管的温度。他会说，暗红色意味着温度大约是500℃，等变到橙黄色的时候大约有800℃，明亮的白色就有1000℃以上。这里说的自然是可见光，即用肉眼可以看见的光。可见光的波长在0.39微米到0.76微米之间。波长在这个范围之外的光，都是不可见光，它们有着各自的名称。波长长的，从0.76微米到1毫米左右的，叫红外光；从1毫米到1米的叫微波；而超过1米的则叫无线电波。波长短的，从0.39微米到0.04微米左右的，叫紫外光；波长更短的，$(20\sim0.06)\times10^{-8}$厘米的，有个响亮的名字叫X射线或X光；比X光的波长还要短的光，也有个特别的名字叫γ（伽马）射线或γ光。对这些不可见光，可以用光学仪器检测到它们。所有的光，可见的、不可见的，都是电磁波。

对于一个光源或者一个热源，例如一支蜡烛或者一炉煤火，它们总会辐射着光或者热。大家知道，力学有力学的规律（比如：牛顿定律、万有引力定律……），电磁学有电磁学的规律（比如：库仑定律、法拉第电磁感应定律、安培定则……），那么，物体的热辐射有什么规律呢？在19世纪后期，物理学家就想把这个规律找出来。由于世界上的物体形形色色，热辐射的条件也各式各样，如果没有个标准物体来做衡量的尺度，那就没法说精确。结果，物理学家就选了黑色物体作为标准物体（这就像我们测量一个物体或一段距离的长度，要用一个标准的米尺一样)。

为什么选黑色物体做标准呢？因为黑色物体对光和热或者说热辐射，吸收得多反射得少，这样就容易把它加热到比较高的温度。反过来，当黑色物体成为一个高温热源时，它的热辐射强度（即每秒辐射的能量）也比同样温度下其他物体的都大些。这样，其他物体的热辐射情况就可以同标准物体做比较。既然是作为“标准”的东西，那它本身就应该标准。于是。人们为此设想了一种最黑的黑色物体——一只能完全吸收而几乎不反射的特殊箱子。箱子的内壁装有一排排肋状隔墙。整个内部涂抹了漆黑的煤烟，只留一个小孔让光线进去。光线几乎只能进不能出。这个能把进去的辐射能量全部吸收的箱子，就是物理学家理想的“黑体”。

如果对这只箱子加热，从那个小孔发出来的辐射就和理想黑体的辐射几乎完全一样。这样一来，只要测量小孔中的辐射情况，就能了解黑体的辐射，就可以通过实验手段来进行研究。黑体辐射实验在物理学的发展史上占有重要地位，它暴露了旧物理学（或叫经典物理学）的严重困难，促成了量子论的诞生。让我们看看这种实验究竟暴露了什么。

19 世纪后期，人们积累了黑体辐射实验的很多资料，根据这些资料，人们画出了在一定温度下辐射能力与波长关系的实验曲线。于是，物理学家进一步的任务就是，从理论上加以论证并解释实验结果。

物理学家威廉·维恩

根据已知的热力学第二定律，可以证明黑体辐射的能力的确与黑箱子的物理性质无关，也可以得到辐射能力与温度和波长之间的大致关系。可是，物理学是一门精确定量的科学，仅仅得到个“大致”关系是不够的。于是，德国物理学家维恩把这个大致关系推进了一步，得到一个略微具体一些的公式。从这个公式不仅能推导出已知定律，还能得到一个新定律。这个新定律是说，随着黑体温度的升高，它所发射的最亮光线的波长将会变短，并向紫色光区移动。这项工作使维恩荣获了1911 年诺贝尔物理学奖。

要想得到非常具体、并能完全说明实验曲线的黑体辐射公式，光凭已知的热力学知识是不够的，还必须对发射和吸收的机理做些假设。做完假设之后，维恩在 1896 年把他原来的公式具体化，提出了一个辐射公式，后来叫作维恩公式。不过，维恩公式只在短波区域与实验符合，在长波区域与实验偏离较大。而英国物理学家瑞利和金斯也提出了一个辐射公式，后来叫作瑞利—金斯公式。与维恩公式相反，这个公式在长波区域，即绿光、黄光、红光区域，才与实验一致；而在短波区域，即接近蓝光、紫光、紫外光时，就与实验不相符。更为严重的是，随着波长的缩短，即向波长很短的紫外区域延伸时，辐射能量竟会变得无限大。这个能量无限大的荒谬结果（能量是不可能无限大的），出现在紫外区，所以物理学家把它叫作“紫外灾难”。的确，如果一种理论与实验事实不相符合或得出荒谬的结论的话，那一定是什么地方出了问题。有些问题是小问题，有些问题可能是灾难性的。

物理学家普朗克

为了给陷入困境的黑体辐射理论找一条出路，德国物理学家普朗克，以无比的毅力和忘我的激情投入到了这项研究中。像不少人做过的那样，他仔细检查了维恩公式和瑞利—金斯公式在推理上的所有环节，仍然没有发现任何错误。于是，他只好开始新的尝试，看看用新的模式能不能得出一个能够解释实验的正确公式。一个又一个的新模式被他建立起来，却一个又一个地被他自己推翻。所有企图推出正确公式的努力，最终都毫无效果。

1900 年 10 月的一天，普朗克在万般无奈的情况下，根据实验资料和理论推导中积累的经验，“凑”出来一个辐射公式。这个公式不仅与实验曲线符合得极好，而且能把维恩公式和瑞利—金斯公式衔接起来。当波长较短时，它可以回到维恩公式；当波长较长时，它可以近似到瑞利—金斯公式，而且避免了紫外灾难。这是何等美妙的公式，又是何等意外的收获啊！

普朗克虽然很快就向德国物理学会报告了这个公式，但他无法向人解释公式的物理意义，因为在这个凑出来的公式中，有的东西在物理上究竟是指什么，他说不出个所以然来。于是，普朗克接着琢磨，想从物理学的一些基本理论推导出他的公式。然而，不论他用什么方法，这个无疑是正确的公式却总是找不到理论根据，怎么也推不出来。这是为什么呢？百思不得其解之后，普朗克便用反推法来推，就是从他的公式出发往回反着推理。反推到最后，他终于发现了一个不同寻常的东西。原来，在他的公式中隐含着一个稀奇古怪的假设，即“量子化”假设，它要求黑体辐射的能量不能取连续的值，而必须是一份一份的，每一份都是某个基本能量的整数倍。

能量是物理学家最熟悉的东西了，无论是动能还是势能，都是连续变化的，这已为千百年来无数的事实所证明。有谁看到过马路上跑的车辆的动能，会突然从一个数值跳到另一个数值而中间没有过渡？又有谁看到过瀑布降落时，水的势能的变化不是连续的，而是间断成一段一段的呢？

光和热的能量居然不是“理所当然”地像水一样连续流淌，而是像连珠炮似的有间断地发射。这个量子化假设着实让普朗克大为惊讶。这是所有的传统观念（经典物理学观念）都容不得的啊！

但是，如果放弃这个奇怪的假设，就等于放弃与实验事实精确相符的辐射公式；如果坚持这个假设，就要推翻一个习以为常和天经地义的概念——能量是连续分布的。这等于向已有数百年历史、几乎接近完美的经典物理学发出挑战。在这两难之地，普朗克对自己的量子假设虽然也有疑虑，但还是明了它的重要性的。有一次在柏林郊外散步时，他情不自禁地对年仅 6 岁的儿子埃尔温说，如果世界真像他想的那样，那么，他的发现会同牛顿的发现一样重要。因此，1900 年 12 月，普朗克在物理学会的会议上大胆地提出了量子假设，并且有条有理地论证了他的黑体辐射公式。这个公式后来叫作普朗克公式。

从黑体辐射出来的量子幽灵，把普朗克引上了1918年诺贝尔物理学奖领奖台，更把20世纪的科学引向新奇无比的看不见的量子世界！

知识点

辐　射

自然界中的一切物体，只要温度在绝对温度零度以上，都以电磁波的形式时刻不停地向外传送热量，这种传送能量的方式就称为辐射。物体通过辐射所放出的能量，称为辐射能。辐射有一个重要的特点，就是它是“对等的”。不论物体温度高低都向外辐射，甲物体可以向乙物体辐射，同时乙物体也可向甲物体辐射，辐射是双向的。

延伸阅读

黑体辐射曲线

黑体辐射早期叫空腔辐射。黑体辐射一个最重要的特征是，黑体辐射的颜色取决于黑体的温度。因为光的颜色由波长决定，这就意味着对应着每种波长所发出的辐射的强度取决于物体的温度。19世纪80年代，已经通过实验搞清楚了黑体辐射依赖于温度的那种确切的关系，把这种辐射的电磁波谱绘制成图，即黑体辐射曲线。黑体辐射曲线有一个像小山一样的光滑的凸峰。在特定的温度下，这个凸峰总是位于波谱的同一区段。也就是说，对应着同一波长。但是，若黑体变得更热，凸峰就会向波长较短的区段移动（从红外到红、黄、蓝等等）。此外，在凸峰两侧，几乎没什么辐射。

光既是粒子，也是波

光，包括日光、月光、星光、火光、灯光、烛光、电光、激光等可见光，以及X光、γ光、红外光、紫外光等不可见光，真可谓光怪陆离。我们人类和世间万物，全都沐浴在光的海洋里。

惠更斯

光究竟是什么？几百年来，科学家对这个问题做了不懈的探索。早在17世纪，著名科学家牛顿说光是微粒，是一群按照力学规律高速运动的粒子流；而与牛顿同时代的荷兰物理学家惠更斯说光是波动，是像水波一样向四周传播的波。对光的这两种截然不同的看法，争论了100多年，双方相持不下，有时微粒说占上风，有时波动说占上风。但到了19世纪，情况就起了变化，波动说开始占主导地位。这是因为，科学家从实验中发现了光的干涉现象，对这个实验现象，用波动说很容易说明它，而用粒子说却无法解释。

什么是干涉现象呢？我们可以做这样一个对比：当我们在房间里点了一盏灯之后再点一盏灯，四壁的亮度只会均匀地增加，而不会出现这样的怪现象，即有的地方变亮了，有的地方变暗了。可是，假如我们用一束单色光（同一频率），从一个遮挡板上的两个针孔中穿过去照到墙上，那么墙壁上就不是均匀地被照亮，而是形成像斑马纹似的明暗交替的条纹，这种现象就叫作干涉现象。光的干涉现象充分证实了光的波动性质。

到了19世纪后期，波动说更是独领风骚。这是因为苏格兰物理学家麦克斯韦在1861年建立起了电磁学理论，并预言光是一种电磁波。这个预言在

1887 年被赫兹的实验证实了。到了 20 世纪初，光的波动说已有着理论和实验两方面的坚实基础。可是在这时，物理学家却发现了一个用波动说无法解释的现象，这就是光电效应。

什么是光电效应呢？简单讲，就是光照到金属上打出电子的现象。这个现象最早是赫兹在研究电磁波时发现的，到了 1902 年又被一个新的实验所证实。这个实验现象也让经典物理无法解释。从光的电磁波理论来看，必然要得出这样三个结论：1. 只要光足够强，任何波长或频率的光都能打出电子来；2. 光照射大约 1 毫秒后才能打出电子；3. 被打出的电子的能量只与光的强度有关而与波长无关。可是，这三条都与实验观察到的结果不符合。这里只说第一条，实验发现再强的可见光也打不出电子来，必须用一定范围波长的光（例如紫外光）才行。

光的粒子性和波动性真是格格不入、水火不相容吗？光要么是粒子要么是波，非此即彼吗？为什么不能既是粒子又是波呢？独特的研究风格使爱因斯坦冲出传统观念的束缚。他沿着与普朗克提出的“量子”概念既有联系又有区别的思路，把一种“非常革命”的新思想引进了物理学。这就是他的光量子假设。他认为，光是由能量子组成的，以光速运动并具有能量和动量的粒子就是光子，或者叫光量子。

有了光量子的概念，就很容易解释光电效应了。这个效应，可以很直观地看作是金属中的电子吸收光子而获得动能的过程。对于固体金属（气体和液体也能产生光电效应），当金属内部的电子吸收了光子时，靠汲取的光子的能量就能逸出金属表面，即从金属里跑出来。只有当光的频率（与波长成反比）大于或等于某个值时，才能产生光电效应。这样，原来无法解释的波长问题，现在就很好解释，因为电子要想跑出去，就得一次性吃个足够“胖”（相当于短波）的光子，才能获得起码的动力，否则，吃“瘦”的光子（相当于长波）个数再多也没有用。这个新奇之点，也是量子世界的普遍现象。

在爱因斯坦的描绘下，使人们得到了这样一种印象：光似乎是一群“光子雨”，光的颜色反映出“雨点”的力量。雨霭茫茫，多像烟波；点点滴滴，酷似颗粒！原来，光有着波粒二象性，它既是粒子，又是波！

由于发现光电效应规律，瑞典皇家科学院把1921年诺贝尔物理学奖授给了爱因斯坦。

本来，普朗克量子观点提出之后，在很长一段时间内，不能被绝大多数物理学家所接受。爱因斯坦发现的光电效应规律，在物理学界引起很大震动，大大改变了量子论无人问津、前途未卜的困境，从此，人们对普朗克的量子论也另眼相看了。

知识点

频　率

频率是单位时间内完成振动的次数，是描述振动物体往复运动频繁程度的量。每个物体都有由它本身性质决定的与振幅无关的频率，叫作固有频率。频率概念不仅在力学、声学中应用，在电磁学和无线电技术中也常用。交变电流在单位时间内完成周期性变化的次数，叫作电流的频率。

延伸阅读

用光来填满房间

我国有个有趣的民间传说，说的是一个大户人家选择女婿的故事。当这家人最后对两个旗鼓相当的候选者不知挑谁为好时，小姐的父亲想出了一个择优的办法：他把两个年轻人领到两间一般大的大仓房前，对他们说，你们一人装填一间，不论往里装什么东西都行，以3天为限，谁装得满，就招谁为婿。其中一个年轻人进去看了空荡荡的大仓房后心想，谁有这么多财礼好送啊，就是有的话，3 天也搬不来呀！小伙子还算聪明，他灵机一动，想到了稻草，体积又大、重量又轻、价钱又便宜。于是，他起早摸黑一担担地往里装稻草，装了整 3 天，才装了大半间屋。另一个年轻人呢，3 天不见动静。第三天晚上，小姐一家人来验收，见第一间仓房黑乎乎的，里边装了大半屋子烂稻草。而推开第二间仓房的门时，只见仓房正中点着一对大红蜡烛，满室生辉。最终，用烛光来填充仓房的年轻人赢得了这位小姐的芳心。

量子世界的“核心之谜”

物理学家费因曼

费因曼是 20 世纪最伟大的物理学家之一，他曾经重新解释了双缝实验，得到了许多结果，其中之一就是证明了光确实是以某种波的形式在传播。这就是人们所说的量子物理的“核心之谜”。毋庸置疑，双缝实验是正确的，而且我们可以用它来计算光波的波长。光的确是一种波。但是，在 20 世纪前几十年，一再进行的许多实验，包括光电效应的实验研究在内，都确凿地证明光是由粒子即光子组成的。这其中有好些实验还是由米利肯亲自做的。谁都知道，他反对爱因斯坦关于光电效应的解释，并一心要证明爱因斯坦是错误的。然而具有讽刺意味的是，他的杰出的研究工作，反而无可争辩地证明了爱因斯坦是正确的。哪怕米利肯并不是要支持爱因斯坦的理论，但是事实恰是如此。

双狭缝实验结果能否用粒子来解释？如果不做深入的思考就回答，那当然是“不可能”。我们的日常经验，没有哪一条可以提示我们这是可能的。问题的根本在于，量子世界发生事件的方式与我们日常经验的世界全然不同。在量子世界，事物的真实面貌只有用数学方程才能够得到确切的表述，物理学家根据这些方程可以预言好些事物，诸如原子内电子的能级、衍射花纹中条纹的亮度等等。

假定面前有一堵砖墙，上面开有两个孔洞，如果你向它随意投掷石块，那么，结果会是在墙的另一侧堆积起两堆石块，每堆石块都堆积在正对着一个孔洞的位置。在这种情况下，石块的堆积方式同一列波穿过两个小孔时的衍射花样不会有任何相似之处。但是，如果“石块”是光子，而孔洞又非常小，那么就会得到衍射花样。如此看来，每个光子必定同某种波动有联系。同所有这样的光子所联系的那些波彼此相互作用，于是就形成了衍射花样。对于这种衍射花样，可以理解为一种概率花样：在有关的波动发生干涉在衍射图上显示为峰值的位置，光子到达该处的概率很大；而在有关的波动由于干涉彼此相消的位置，光子到达该处的概率很小。在这种由概率决定光子最后到达位置的场合，我们无法预先知道任何一个特定的光子究竟会到达什么位置。

随着各种证据的不断增多，过去一直仅被认为是一种波动的光，现在终于不得不看作既是一种波，同时又是一种粒子。在20世纪20年代初，法国物理学家德布罗意提出一种富有灵感的看法，他认为，过去被认为是粒子的电子，既是一种粒子，同时也是一种波。实际上，德布罗意说的是必须把任何物体都同时视作既是粒子又是波。日常的物体，比如我们的人体、盆栽的植物，我们之所以觉察不到其波动性，那是因为其质量太大的缘故。德布罗意利用爱因斯坦研究光子的成果，找到了一个把光的粒子特性和波的特性紧密联系起来的方程。在他的这个方程中，同一个光子相联系的波长与该光子的动量（使物体保持运动的那种力）的乘积等于普朗克常数 h。德布罗意考虑到这是一个普遍适用的方程，因此他断定，具有一定的动量的粒子，比如电子（或其他粒子），也必定具有一定的波长，而且这个波长可以用这个方程计算出来。他的这个描述这类量子实体的波动方程的解，常常被称为波函数。德布罗意的发现得到了爱因斯坦的高度赞许。在20世纪20年代后期，他又通过实验成功地测出了电子的波长。所有这些研究成果证明了一个事实：在量子王国的一切东西都同时既是粒子又是波。

不过，量子王国只统治着涉及极微小事物的世界，因为普朗克常数（用字母 h 表示）实在是太小了，h 值是 6.6×10^{-34}J·s（小数点后跟33个“0”，最后才有两个“6”）。根据德布罗意方程，一个物体的波长等于这样一个小数字除以物体的动量，而动量则取决于质量，那么，便只有对于那些质量非常小的物体，才能够检测到它们的波长。的确，电子的质量就是如此小，电子的质量为 9×10^{-31} 千克。在量子王国，一切都是如此微小。

到20世纪20年代末，由量子物理所发现的那种波粒二象性和概率诠释，对有关的科学家来说，已经不再有任何疑义了。但是，直到20世纪80年代，关于量子物理描绘的这幅物理图像，多亏了在日立研究实验室工作的一个日本科学家小组的出色工作，才得到了人们的普遍信服。这些日本科学家用电子进行双缝实验。他们一次只发射一个电子，使之通过实验设备，在双缝的另一侧用一个屏幕（就像电视的荧屏）来检测到达的电子。到达的电子将会在屏幕上形成一个亮点，而所设计的屏幕能够“记忆”这些亮点。于是，随着到达的电子越来越多，屏幕上就会逐渐显现出一幅图形。

每一个电子都会在屏幕上留下一个单独的亮点，这就证明它们确实是粒子。继续一个接一个地发射电子，屏幕上的那些亮点会逐渐形成一幅清晰的花样——衍射花样，而不是两堆“石块”。要知道，这些电子并不是一起通过实验装置的，尽管如此，它们仍然形成了只有波通过两个狭缝发生干涉时才会形成的那种特有的分布花样。这情形就像是每一个电子不但知道它自己应该去花样图形的什么位置，而且也知道在它之前的电子已经去了哪里，甚至还知道在它之后发射的电子又将要去什么地方。对于非科学家的普通人来说，恐怕再不会有别的什么东西能够像这个实验那样如此清楚地向他们演示出量子世界的怪诞和不可思议了。

当然，电子并不是真的“知道”什么，它不过是在遵循那种由偶然性所决定的瞎碰的规律，其情形就如同掷骰子。骰子并不“知道”这一次投掷之前，按照随机滚动的概率曾经出现的是几“点”（或者下一次投掷将会出现几“点”），只有随机滚动的偶然性决定了这一次投掷下去，比如说，3“点”那一面朝上的概率正好是1/6。在量子物理中，概率的这种作用无所不在，而爱因斯坦却很不喜欢，他有一句名言："我不相信上帝在玩骰子。"所有的证据都说明这一次是爱因斯坦错了，量子世界确实是由概率控制的。

根据包括双缝实验在内的许多实验的结果能够引出一系列结论，这些都是在20世纪20年代末逐渐形成的一些观念。人们常常把这一整套结论称作哥本哈根诠释，这是因为，丹麦的玻尔及其同事对这种诠释的形成和完备做出了巨大的贡献（尽管关于概率的主要思想是由德国的马克斯·玻恩提出来的）。

按照哥本哈根诠释，量子系统在被检测以前，并不处在一种确定的状态。例如，在双缝实验中的一个电子，在它通过实验装置的时候是以一种弥散开来的波动的形式在行进，在空间中并没有一个确定的位置。只是在这个电子到达作为检测器的屏幕时，它才从由概率决定的许多位置中做出"选择"（就像是滚动的骰子停稳时，最终是以其3"点"的一面朝上）。按照玻尔的说法，在这样一种模型中，量子实体在移动中是波，而在到达某处时，则是粒子。

量子实体所表现的行为，就仿佛它们既是波，又是粒子。在20世纪80年代的一项实验中，设法一个一个地发射电子，使它们通过类似于杨氏双缝实验的一个装置。利用一个像电视机荧屏那样的屏幕来检测这些电子，并"记忆"住每一个电子所形成的亮点。电子是作为粒子一个一个发射的，而屏幕上每显示一个亮点，则表明有一个电子真的是作为粒子而到达了那个位置。然而，当发射了成千上万的电子通过实验装置以后，屏幕上的那些亮点就会组成一幅花样图形，其形状同按照经典的波的干涉理论所预言的衍射花样一模一样。利用光子（光粒子）也进行过完全与此类似的实验。对于所得到的实验结果，你不必去理解为什么会是这样，也没有人能够说得清楚。你只需承认，量子世界的事情就是如此。

电子波函数是一个能够把观测事实与理论很好地统一起来的概念，薛定谔正是利用这一概念，提出了一种用波动来描述电子在原子内部行为的表述系统。他的这种描述远比玻尔模型完美，因而使得一些研究者，例如莱纳斯·鲍林，得以利用量子物理学解释了所有的化学原理（原子如何相互作用而形成分子）。这样一来，就有物理学家俏皮地说："化学现在是物理学的一个分支。"

薛定谔抱有很大的信心，认为有了他的波函数，那么，从以前人们熟悉的波动形式所得到的那些符合常识的知识便有可能仍然适用于基本的物理学。因此，当他发现无论如何也无法抛弃概率的作用时，他感到十分不安。薛定谔想尽了各种办法，希望仅仅用波来说明电子，结果都未能如愿。这是因为，事实是，不想承认电子是粒子，那么也不能说电子是波。我们只能够说，量子实体——比如电子——所具有的性质（在日常世界中见不到类似的东西）是使它们有时候表现为像粒子，而有时候则表现为像波。量子实体的这种性质能够直接引出量子不确定性（测不准）的概念。

知识点

概　率

概率又称或然率、机会率或几率、可能性，是数学概率论的基本概念，是一个在0~1之间的实数，是对随机事件发生的可能性的度量。一件事情发生的概率是$1/n$，不是指n次事件里必有一次发生该事件，而是指此事件发生的频率接近于$1/n$这个数值。

延伸阅读

费因曼图

费因曼图是表达量子场论计算中指定项的图。在这些图中，用被称作“世界线”的直线代表电子路径，它们被绘在以时间和空间为坐标的坐标图中。竖直线代表一个静止不动的电子，因为这样的电子在空间的位置不变。世界线的倾角愈大，电子在空间的位置变化率也愈大，因而运动得愈快。在费因曼图上还画出了与磁铁的磁场相联系的光子。这样，在费因曼图上就可以形象地看到一个光子如何与一个做直线运动的电子发生相互作用，导致它偏转，使之沿着一条新的路径法预言电子应该具有一种被叫作磁矩的性质，而且其量值应该正好等于1。

一切物体都是波

“人的生命，有如船在海上驶过的水痕，慢慢儿远，慢慢儿淡。”这是法国著名作家莫泊桑在18岁时作的诗句。他形象而又生动地把人生比作缥渺的水波。古今中外，把人生比作波的诗歌数不胜数。1929年12月11日，在给物质波的发现者德布罗意授奖的仪式上，诺贝尔物理奖委员会主席奥西恩无限感慨地说：“如果诗人们把‘我们人生是波’改为‘我们是波’，那就道出了对物质本性的最深刻的认识。”

水波是我们最熟悉的波。把一块石头扔进池塘里，马上就可以看到由石头激起的波浪向四周传播，水面呈现高低相间的波峰和波谷。细心的人会发现，在石头落水的地方，水本身并没有流走，只不过在做上下的运动或者说振动，而这种振动的状态却随波漂流。实际上，水波是唯一能直接看到的正在运动中的波。

声音也是一种波，它能在水、空气和固体中传播。水波是靠水产生和传播振动的，那么声波是靠什么传播振动的呢？原来靠的是固体物质中的原子、水分子和空气分子，它们是传播声音的媒介物质，通常简称媒质或介质。一般来说，如果没有这些媒质，声音就会消失，在真空中就没有声音。在月球上由于没有空气，航天员听不到火箭发动机的隆隆声响，只能在静寂中观察从飞船底部喷出的绚丽光焰。

可见光和无线电波都是电磁波。电磁波与包括声波在内的机械波的根本区别是，它的传播不需要中间媒质，速度恒为光速，在有媒质的情况下反而降低了它的传播速度。在麦克斯韦电磁学理论建立之前，人们以为光波也是一种由发光体引起的机械波，像声波一样依靠媒质来传播。光的电磁本质被揭示出来之后，人们知道了光波就是电磁波，实验也否定了原来假设的传播光波的中间媒质。

光既是粒子又是波的二象性被爱因斯坦发现之后，这种新奇的观念启发了人们对其他物质的联想。1923 年 9 月，法国巴黎大学理学院的德布罗意，在法国科学院会议上发表了他的不同凡响的见解。这个年轻的博士生在文中写道：“整个世纪以来，人们在研究光学的时候，过多地注意波动的研究方法，而过于忽略了粒子的研究方法；在对实物粒子的研究中，是否发生了相反的错误呢？是不是我们把粒子的图像想得太多而过分地忽略了波的图像呢？”他认为：“任何物体都伴随着波，而且不可能将物体的运动和波的传播分开。”这就是说，波粒二象性，并不只是光才具有的特性，而是一切实物粒子共有的普遍属性，原来被认为是粒子的东西也同样具有波动性。因而可以说，一切物体都是波，我们人也是波。

法国物理学家德布罗意

既然说一切物体都有波动性，那就要把这些物体与一个周期运动联系起来。怎么联系呢？德布罗意认为，首先，这种联系一定涉及普朗克常数 h。其次，关于光子与波动的联系已经由爱因斯坦建立了，这应当是新关系的一个特例。于是德布罗意提出了大胆的物质波假设：动量为 mv（m 为质量，v 为速度的大小）的粒子（物体）与一个波长为 λ 的波动有着 $\lambda = h/mv$的关系。这个关系被称为德布罗意关系，与粒子（物体）相联系的这种波称为德布罗意波。

由于普朗克常数的数值极小，所以德布罗意波的波长是很短的。根据德布罗意关系，很容易算出任何一个物体的波长。例如，地球的德布罗意波长是小数点后面写 60 个零再接着写 36（即 3.6 ×

10^{-61}）厘米；一块重 100 克、以 10 米/秒的速度飞射的石头的波长，是小数点后面写 31 个零再接着写 66（即 6.6×10^{-32}）厘米；体重 50 千克、以 10 米/秒的速度飞跑的人的波长，是小数点后面写 33 个零再接着写 13（即 1.3×10^{-34}）厘米。这几个物体的波长，实在太短了，不仅是现在甚至直到永远，也不可能有仪器能探测出如此短的波。啊，我们虽然是波，却是不可探测之波！

然而，对于微观物体来说，情况就大不一样了。让我们以电子（质量为 10^{-27} 克）为例，一个在 150 伏电位差下加速的电子的波长为 1 埃（即 10^{-8} 厘米），这相当于原子的尺度，也相当于 X 射线的波长，是可以测出来的。

我们的耳朵只能听到波长从 2 厘米到 17 米的声波；我们的眼睛只能看到波长从 0.39 微米到 0.76 微米之间的光波。对那些超出我们人类的感觉范围之外的波，只有依靠特殊仪器才能探测到。而且，任何一种接收器都只能对某种特定类型的波有反应，就像耳朵只对声波有反应，眼睛只对光波有反应一样。例如，波长为几米的声波能被人耳察觉，却不能被收音机接收到。收音机只能接收无线电波。反之，波长为几米的无线电波同样只能由收音机接收而不能被人耳或者其他机械波装置接收到。真可以说是一物降一物。因此，对于既不属于声波，又不属于电磁波的德布罗意波，怎样来探测它呢？这是检验德布罗意理论是否正确的关键问题。

1924 年 11 月 29 日，在德布罗意的博士论文答辩会上，考试委员会的主任委员贝兰问道："怎样才能在实验上观察到你所推测的粒子波呢？"德布罗意当即回答说："在电子通过一个小孔时可能会出现衍射现象……"

我们知道，光的衍射现象，即单色光穿过小孔（光栅）后，在屏幕上得到一圈一圈光环的现象，只有当光栅的大小与波长相当时才会出现。从前面的计算知道，德布罗意波的波长是很短的，要用手工来刻这样窄小的光栅是很困难的。好在大自然早就为人们准备好了条件。金属的晶格的大小正好在埃的尺度范围，它可以作为天然的电子光栅。在德布罗意波从理论上被提出来以后，人们马上就用实验来检验这种奇怪的想法。美国物理学家戴维逊和革末、英国物理学家汤姆生、苏联物理学家塔尔塔科夫斯基等人经过反复实验，不仅证明了电子、质子乃至氦原子和氢分子等粒子有衍射现象，而且实验上测得的这些实物粒子的波长完全符合德布罗意关系。

爱因斯坦从一开始就对德布罗意的理论给予高度评价：“这是对物理学中最难以揭开的奥秘所做的初步解释；完全是独具一格的。”爱因斯坦还称赞说：“它揭开了一幅大幕的一角。”1928 年 9 月 25 日，爱因斯坦致信诺贝尔评奖委员会，请委员会考虑授予德布罗意诺贝尔物理学奖。果然，斯德哥尔摩的诺贝尔评奖委员会，把 1929 年的诺贝尔物理学奖授予了德布罗意。

知识点

光　栅

光栅是一张由条状透镜组成的薄片，当从镜头的一边看过去，将看到在薄片另一面上的一条很细的线条上的图像，而这条线的位置则由观察角度来决定。如果将这数幅在不同线条上的图像，对应于每个透镜的宽度，分别按顺序分行排列印刷在光栅薄片的背面上，当从不同角度通过透镜观察时，将看到不同的图像。

延伸阅读

德布罗意

德布罗意全名为路易·维克多·德布罗意（1892—1987），法国著名理论物理学家，波动力学的创始人，物质波理论的创立者，量子力学的奠基人之一。1929 年获诺贝尔物理学奖，1932 年任巴黎大学理论物理学教授，1933 年被选为法国科学院院士。

路易·维克多·德布罗意是法国一贵族家庭的次子。德布罗意家族自17世纪以来在法国军队、政治、外交方面颇具盛名，数百年来在战场上和外交上为法国各朝国王服务。1740年，路易十四封德布罗意家族为世袭公爵，1759年德布罗意家族又被神圣罗马帝国册封为世袭亲王，封号由一家之长承袭。德布罗意家族祖父是法国著名政治家和国务活动家，1871年当选为法国国民议会下院议员，同年担任法国驻英国大使，后来还担任过法国总理和外交部长等职务。1906年，路易·德布罗意的父亲去世，亲王的爵位由他的哥哥莫里斯承袭，路易承袭了公爵之位。1960年，当德布罗意的长兄、实验物理学家莫里斯离世后，路易·维克多·德布罗意又承袭了亲王之位。虽然出身高贵，但他一生中生活简朴，平易近人，把毕生献给了科学事业。

德布罗意一生获誉无数。1938年，因为在理论物理学的杰出贡献，德国物理学会颁给他最高荣誉马克斯·普朗克奖章。1952年，由于德布罗意热心教导民众科学知识，联合国教育、科学及文化组织授予他一级卡琳加奖。1953年，他当选为伦敦皇家学会的会员。1956年获法国国家科学研究中心的金质奖章。1961年，又荣获法国荣誉军团大十字勋章。此外，他还是华沙大学、雅典大学等六所著名大学的荣誉博士，是欧、美、印度等18个科学院院士。

妙不可言的概（几）率波

20世纪20年代中期，在法国物理学家德布罗意提出物质波这一新奇概念之后，奥地利物理学家薛定谔和德国物理学家海森堡各自独立地建立了形式不同，但本质一样的量子力学理论。这门科学用全新的语言，描绘了微观世界的一幅幅玄妙图景。它的无数成功之处，使它成为一门普遍为人们所接受的物理学新理论。很多科学家认为，量子力学可能是物理学中唯一的一次名副其实的革命。也正因为是对传统物理学的革命，所以，它与大家熟知的牛顿力学大不一样。

在物质波理论提出之前，一个天经地义的观念是：一个东西要么是波，要么是粒子。因为在经典物理理论中，波是连续地在全空间飘飘洒洒，而粒子是集中在空间的一个小点内，是硬邦邦实打实个性分明的。在全空间弥散的波又怎么能同时集中于空间的一点呢？可是这个新理论意味着，早已为物理学家所熟悉的既轻又小的电子，却与波紧密联系着。这实在让人感到不可思议！此时，虽说光的波粒二象性概念已经建立，不过，仅仅一个光子已足以令人费解，若是电子这种实物粒子也真的具有波动特性，那自然界中的所有物体，无论大小，也都将具有这种难以想象的性质。这实在是个过于大胆的想法。于是，物理学家自然就面临这样一个问题：物质波的真实意义究竟是什么？

德布罗意本人也对这个问题进行了研究，提出了几种假说，但各种假说都不能自圆其说。

直到实验上发现了电子的衍射现象，使德布罗意物质波假设得到证实之时，对德布罗意波的解释才有了希望。我们都有这样的经验，发射一颗子弹，只会打中靶上一个点，而不会是弥散地打中一片。因为衍射现象，是只有波才会产生的特征现象。

在证实电子衍射的实验中，当每个电子射向可以用作记录的底片时，就会在它所到达的地方形成一个斑点。若在实验刚一开始只让少数（比如几十个）电子射出后便停下来，在冲好的底片上就会发现，电子击中的黑色斑点似乎是杂乱无章、毫无规律的；把实验继续做下去，让足够多的（比如几千个）电子射向底片，这时在冲好的底片上，就会观察到轮廓清晰、明暗相间的衍射环。从这两个实验的对比中，能否断定电子的波动性只是大量粒子集体作用的结果呢？或者说，是不是单个电子的行为只能是粒子，而只有一群电子的行为才是波呢？

物理学家略微改进了实验条件，又设计了下面一组电子衍射的对比实验。在一个实验中采用强电子源，但让底片曝光的时间很短，这就相当于把大量电子几乎同时射向底片，也就是让一群电子同时完成衍射；在另一个实验中采用弱电子源，使电子仿佛是一个接一个地射向底片，而曝光时间却相应延长。在这两个实验中，有一点是一致的，那就是保证发射到底片上的电子数目是相同的。这样，如果两个实验的结果一致，则可以证明，电子的波动特性与电子个体、群体这两种行为方式是无关的。思路一旦清晰，就很容易做出判断。结果是两个实验所得到的衍射图案真的完全一致，可见单个电子也同样具有波动性。

在电子的衍射图中，底片上暗环处实际上就是许多电子集中到达的地方，亮环处就是电子几乎没有到达过的位置。按衍射环的半径统计出每个环中电子留下的黑斑数目，物理学家马上就发现，以环的半径为横坐标、黑斑数为纵坐标作的图，其形状与光以及 X 射线衍射的密度分布曲线相同。这是偶然的巧合，还是另有什么深刻的含义呢？

由于这一分布曲线也呈波的形状，而且对应的是电子射中底片某点的概（几）率，于是德国物理学家玻恩建议把这种波命名为概（几）率波。这种概（几）率波与德布罗意提出的物质波有什么关系呢？好在物理学家早已掌握了从波的衍射环间距来求波长的方法，因此从电子的衍射图样中就可以算出电子波的波长。结果发现，从衍射图中计算出来的电子波的波长数值与从德布罗意提出的物质波公式中得出的数值完全一致。

经历了曲曲折折之后，终于找到了真谛。原来，德布罗意所预言的物质波就是概（几）率波。电子波并不是里面乘坐着电子乘客的一架飞机，载着电子，随波逐流。电子波决定着电子的运动，而且是以它特有的概（几）率形式决定着电子的运动。再者，这种波并不是当电子衍射时才出现，而是普遍存在的物质特性。在任何时候，这种波都是与电子或其他实物粒子的运动联系在一起的。这是多么玄妙的概（几）率波啊！

妙虽是妙，但人们总觉得似乎有点难以接受。所谓概（几）率，简单地说就是某种随机性。比如掷一粒骰子出现某个点数的概率就是随机的。这次可能掷出个 3 点，下次可能掷出个 6 点，没个准儿。而科学，尤其是其中的物理学，它一向要求准确，怎么忽然之间，某种随机性，也就是概（几）率，也列入其中了呢？我们已习惯的经典物理学，它以有着非常准确的预见力而著称。比如，在牛顿力学中，只要知道物体的受力情况以及它的位置和开始时间等初始条件，那么它在以后任一瞬间的位置和速度就完全确定了。例如我们发射一颗人造卫星后，不仅知道它的运行情况，而且还可以把它从天上收回来。但在量子力学中却不是这样，电子等微观粒子的状态，却是用一个表示波动的函数来表示的，并且这还不是普通的波，而是按概（几）率变化的波。在量子力学中，对一切事件所能说的，只能是以什么概（几）率出现，而且这个概（几）率是取决于概（几）率波的波函数［量子力学中的一个重要概念的数学表述，由它决定概（几）率的大小]。若用波函数来描述的话，我们发射一颗子弹，只能说它射中靶上某一点的可能性［或者说，概（几）率］有多大，而不能说它“一定”射中某一点。

这种概（几）率波的概念，使得量子力学的创始人之一薛定谔，于1935年设想了一个叫作“薛定谔猫”的实验。“薛定谔猫”是指这样一个富有想象力的实验：把一只猫关在一个钢盒内，盒中装有不受猫直接干扰的如下量子设备：在计数器中，有很小很小的一块辐射物质，在1小时内，或许只有一个原子核衰变，或许连一个原子核衰变也没有，两者的概（几）率是相同的，各为50%。假如辐射物质的原子核发生衰变的话，计数器就会放电并且通过某个机关抛出一个锤，击碎一个装有剧毒物质氢氰酸的小瓶，从而毒死盒内的猫。让这个系统独立存在1小时的话，我们会这样说，若没有原子核衰变，猫就是活的；只要有一个原子核衰变，猫就是死的。

按照我们日常的观念来看，那只猫不是死就是活，我们上面的回答无懈可击。可若按照量子力学的计算规则来看，情况就不是这样简单了。此时，盒内整个系统处于两种量子状态的叠加之中。这两种状态，一种是活猫与原子核稳定状态；另一种是死猫与原子核嬗变（衰变）状态。活猫状态与死猫状态一混合，就出现了“不死不活的猫”这种不可思议的状态。一只既不是死的又不是活的猫是什么意思呢？如何解释这个问题呢？几十年来，不同学派的科学家有着不同的解释，至今仍是“公说公有理，婆说婆有理”。可见，概（几）率波的一些玄妙之处，真可谓妙不可言。

知识点

随机性

随机性是偶然性的一种形式，具有某一概率的事件集合中的各个事件所表现出来的不确定性。具有随机性的事件有以下一些特点：

①事件可以在基本相同的条件下重复进行。只有单一的偶然过程而无法判定它的可重复性则不称为随机事件。

②在基本相同条件下某事件可能以多种方式表现出来，事先不能确定它以何种特定方式发生。只有唯一可能性的过程不是随机事件。

③事先可以预见该事件以各种方式出现的所有可能性，预见它以某种特定方式出现的概率，即在重复过程中出现的频率。在重复发生时没有确定概率的现象不是同一过程的随机事件。

延伸阅读

性情中人薛定谔

薛定谔毕生都陷于感情的旋涡与纠葛中。他 33 岁那年成婚，婚后他激情充溢，外遇不断，其爱恋对象既有已婚的研究助手的妻子，也有貌美的他曾辅导过数学的女中学生；既有闻名遐迩的演员和艺术家，也有年轻的政府职员；而且还有不止一个非婚生的孩子。对于每一段情感纠葛，他都非常投入，并为此创作了不少缠绵的情诗。在维也纳和都柏林这样宗教色彩很浓的地方，他能全然不顾忌传统礼数，他认为这是他个人的自由，他甚至设想过一妻一妾的生活。更为人津津乐道的是，他与他的原配安妮的婚姻历经这种种事端，竟然能白头到老，而且安妮还亲自照料了他非婚生孩子的婴儿期，或许与他们没有自己的孩子有关。

激光器和全息摄影

激光有非常广泛的应用，从天文一直到氢的聚变。激光有什么特殊的性质，让它变得这么有用呢？要回答这个问题，我们先要了解波动的一个性质，叫“相干性”。对于光子来说，就是很多光子在一起，以一种特殊的量子力学协同方式，同时行动。在理解量子“超流体”这样的特殊现象时，这种量子协同是关键。因此，为了理解激光的特殊性质，我们首先必须了解什么是相干性。

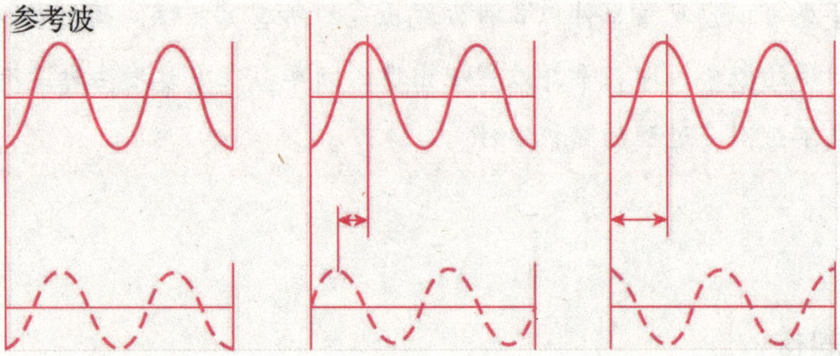

波长相同的三对波，上面的波是用来对照的，下面的波开始时间不一样

波的波形每经过一个周期就会重复，而波的频率对应每秒钟发出的波长数。如果这列波是绳子上的振动波，绳子上面的每一点只是以某一个波幅上下振动，波幅就是任何一点从开始运动，到开始往回走时经过的距离，也就是每点的最大移动距离。以上这些，就是我们应该了解的关于波的全部知识。现在让我们来考虑，如图所示，两列波长相同但开始时间略有差别的波。第一种情况，两列波的波峰和波谷都在同一位置。第二种情况，虚线表示的波在另一列波还没有到达峰值之前就开始下降。第三种情况是另一个极端，一列波的波峰正好是另一列波的波谷。在这三种情况中，两列波有不同的相位差。波的相位，是指波上的一个点，走到它上下移动过程中的哪一个位置。如果两列波之间有一个固定的相位差，就像图中显示的那样，就说这两列波相干，它们可以表现出通常的干涉效应。两个不同原子光源发出的光，不会表现出干涉效应，说它们不相干。它们不相干的原因是，每个光源发出的光都是由很多不同原子发出的，每个原子发出光子的时刻都不一样。也就是说，每个光源发出的光，都是由很多相位不同的光波组成的。因此，两个这种光源发出来的光没有固定的相位差，所有微弱的干涉效应都被掩盖了。与此相反，激光有一个显著的特点，就是从许多不同的原子辐射出来的光的相位是相同的。正是激光的这种相干性，才使激光束可以将光能高度集中，聚焦在一个很小的点上。一束功率比一盏普通电灯泡还要小的激光，就可以很容易地在一块金属板上烧出一个洞来。

激光的英文单词“laser”是“受激辐射光放大”的英文简写。当原子遇到一个能量恰好等于它的一个能级差的光子时，原子中的电子会被“激发”到高能级上。我们有时把这种过程叫作受激吸收。我们知道，一个处于激发态的原子的电子会自发地跳回到基态，同时放出一个光子，光子的能量就等于激发态与基态的能量差。这种激发态原子的退激发过程叫作自发辐射。爱因斯坦早在1916年的时候，就已经发现了与光子有关的第三种辐射过程。那年的11月，他写信给他的终生挚友米歇尔·安杰罗·贝索：“关于辐射的发射和吸收，我头脑里闪过了一束绚丽的光。”爱因斯坦在伯尔尼专利局度过的早年岁月中，贝索是爱因斯坦的“共鸣板”，也是爱因斯坦在他著名的狭义相对论的论文中唯一感谢的人。爱因斯坦已经意识到，如果一个能量合适的光子，照射到一个激发的原子上，原子会被动地跃迁到低能态上。很自然，这种过程就被称为受激辐射。处于激发态的原子当然自己也会或早或迟地跃迁到低能态上，可是受到一个辐射的激励时，这个过程提前发生了。在超过35年的时间内，这种受激辐射过程只是在量子力学教科书中被简略地提到，因为看起来它似乎没有什么实际应用价值。可是，被大家忽视的是，这种方式辐射出来的光具有特殊的性质。通过这一过程辐射出的光子，与引起辐射光子的相位完全相同。这是因为，原来光波的变化电磁场，引起受激原子的电荷分布同步振荡。发射出来的光子相位完全相同，也就是说它们是相干的，并且，它们的传播方向完全与激发光子相同。

理论是这样的，但是要利用这一机制产生出足够强度的激光，还有许多技术问题需要解决。在常温下，绝大多数原子都处于基态。因此必须找到一种方法，把能量注入到产生激光的材料，让大多数原子处在某个激发态。让更多的原子处于激发态而不是基态，这不是一项简单的事情，如果能够做到，那么受激辐射过程就可以超过受激吸收过程，就可以产生一束净放大的激发光。

世界上第一台激光器使用了一块红宝石晶体，这种晶体是氧化铝晶体，晶体中的一些铝原子被置换为杂质铬原子。下图是一台红宝石激光器产生激光的示意图。光子可能向任意方向射出，但是那些不是沿着红宝石杆轴方向的光子很快从杆壁射出，不会引起很多的受激辐射。沿着红宝石杆轴方向的光子，将会在杆两端的两块镜子之间来回反射一定次数，因此，这些光子将引发越来越多激发原子的受激辐射，放出同样方向的光子。在红宝石晶体两端是两面反射镜，其中一面是部分反射部分透射的。这样，就会有一束强度很高的相干激光，从这面镜子后面射出来。

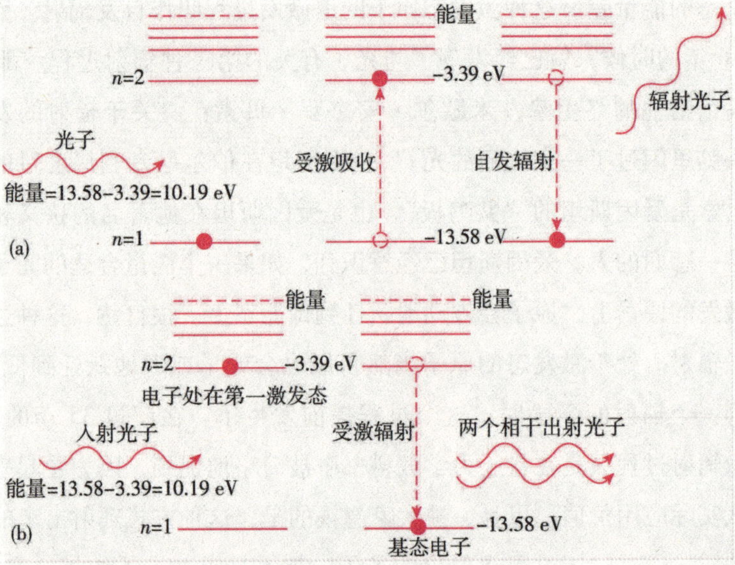

激光产生过程示意图

激光束中很多光子可以处于同一量子状态的原因是光子是玻色子。对于费米子，泡利不相容原理要求每个费米子的量子数不同，但是玻色子趋向于聚集在同一个量子态中。

因为激光这种特殊的性质，可以产生一束能量集中、强度很高、时间很短的激光脉冲。利用这种激光，可以非常精确地测定月球到地球的距离。

激光另一种有趣的应用是三维摄影，又叫“全息摄影”。一束激光通过一个半透镜分成两束。其中一束射向被拍摄物体，散射光被照相底片记录；另一束光不经过与物体的散射，而直接射向照相底片。由于激光是相干的，这两束光会互相干涉。照相底片记录的是这两束光相遇时的干涉图案。这种干涉图案的照相记录叫作全息摄影。全息摄影不像普通摄影那样，只记录光照到照相底片上的强度，全息摄影还包含了散射光的相位信息，因为它记录的是干涉图。因此，全息图包含了从被拍摄物体上过来的所有光学信息。一张全息照片一点也不像被拍摄物体，它看起来好像是一张脏兮兮的由很多随机点构成的图。可是，当用激光来照射一张全息图的时候，我们就可以看到被拍摄物体的一张完美的三维复制画面。而且，如果改变观察位置从不同角度看这张图，能看见图像里面各种东西的相对位置，就像看见了原始被拍摄物体一样。特别是，全息图上从某个角度看被挡住了的东西，换个角度就可以看见了。

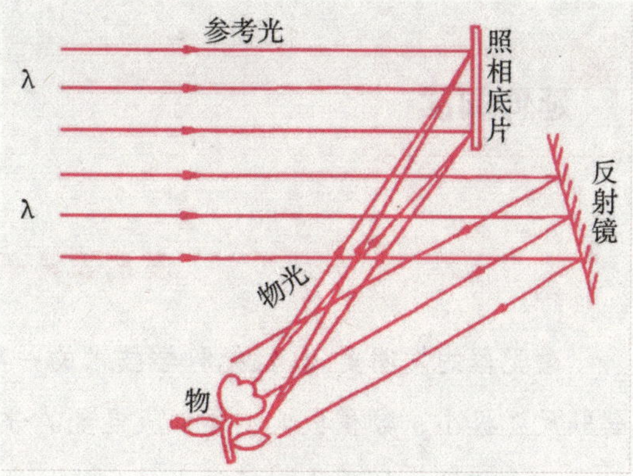

全息照片的拍摄

知识点

全息摄影

全息摄影也称“全息照相”，一种利用波的干涉记录被摄物体反射（或透射）光波中信息（振幅、相位）的照相技术。在摄制全息图时，感光片上每一点都接收到整个物体反射的光，因此，全息图的一小部分就可再现整个物体。用厚度等于几个光波波长的感光乳胶片，可在乳胶内形成干涉层，制成的全息图可用白光再现。如果用红、绿和蓝三种颜色的激光分别对同一物体用厚乳胶感光片上摄制全息照片，经适当的显影处理后，可得到能在白光（太阳光或灯光）下观察的有立体感和丰富色彩的彩色 3D 全息图。

延伸阅读

激光器的诞生

激光器的发明是20世纪科学技术的一项重大成就，它使人们终于有能力驾驭尺度极小、数量极大、运动极混乱的分子和原子的发光过程，从而获得产生、放大相干的红外线、可见光线和紫外线。

激光器的诞生史大致可以分为几个阶段，其中1916年爱因斯坦提出的受激辐射概念是其重要的理论基础。这一理论指出，处于高能态的物质粒子受到一个能量等于两个能级之间能量差的光子的作用，将转变到低能态，并产生第二个光子，同第一个光子同时发射出来，这就是受激辐射。

此后，量子力学的建立和发展使人们对物质的微观结构及运动规律有了更深入的认识，微观粒子的能级分布、跃迁和光子辐射等问题也得到了更有力的证明，这也在客观上更加完善了爱因斯坦的受激辐射理论，为激光器的产生进一步奠定了理论基础。20世纪40年代末，量子电子学诞生后，被很快应用于研究电磁辐射与各种微观粒子系统的相互作用，并研制出许多相应的器件。这些科学理论和技术的快速发展都为激光器的发明创造了条件。1951年，美国物理学家珀塞尔和庞德在实验中成功地造成了粒子数反转，并获得了每秒50千赫的受激辐射。稍后，美国物理学家查尔斯·汤斯以及苏联物理学家马索夫和普罗霍洛夫先后提出了利用原子和分子的受激辐射原理来产生和放大微波的设计。1954年，汤斯终于制成了第一台氨分子束微波激射器，成功地开创了利用分子和原子体系作为微波辐射相干放大器或振荡器的先例。1960年12月，世界第一台气体激光器——氦氖激光器终于问世。1962年，有三组科学家几乎同时发明了半导体激光器。1966年，科学家们又研制成了波长可在一段范围内连续调节的有机染料激光器。此外，还有输出能量大、功率高，而且不依赖电网的化学激光器等纷纷问世。

将原子冷却的技术

超流体的液氦需要氦原子间有量子协作。这种情形发生在原子已经处于液态时。如果是气体，在凝聚为液滴，或者冻结为固体之前，可不可以发生这种情形呢？要产生这种凝聚，原子之间的距离必须足够大，以避免凝结成液体，但距离又不能太大，最关键的要求是超低温，温度必须低到绝对零度以上不到百万分之一开。1995 年，艾里克·康奈尔、卡尔·威曼和他们的同事成功地将原子的稀薄气体冷却到足够低的温度，从而发生玻色—爱因斯坦凝聚。所有的原子以量子力学的集体方式协同运动，就像一个单一的个体。可是怎么才能达到如此低的温度呢？这种温度下单个原子移动的速度比乌龟还慢！一个令人吃惊但是关键的冷却方法是，利用两束相互交叉的激光来俘获原子。

只有光子的能量正好等于原子中电子两个能级的能量差，原子才可以吸收或者放出光子。光是光子，这一点意味着光的发射过程就像枪发射子弹的过程那样，而光的吸收过程又很像子弹击中目标的过程。这一图像正确地阐明了原子发射或者吸收光子时的反冲行为。在室温下，气体是一群速率不同、运动方向随机的原子。根据标准的气体模型，温度是气体中原子的平均运动速度的衡量。如果把气体冷却到接近绝对零度，为了满足海森堡不确定性原理，气体原子的最小速度应该是原子的随机零点运动速度。很显然，为了了解光与原子的相互作用，我们必须考虑原子的运动。

想象一下，有一个原子正在朝一个打过来的光子运动。我们很熟悉日常生活中能经常碰到的声音的多普勒效应。例如，我们站在一条铁轨旁边，一辆高速火车的鸣笛声，在火车朝我们开过来时，音调会升高，而当它远离我们而去时，音调会降低。如果原子朝着过来的光子运动，光子的频率会因光学多普勒效应而升高。因为气体中每个原子的运动速度各不相同，每个原子碰到的光子的频率就会不一样。气体中的原子如果运动速度合适，就会从射过来的激光束中吸收一个光子。原子吸收了光子之后，会因光子的冲击而慢下来一点。当然光子最后将自发辐射出去，但是方向是随机的。因为激光束中有很多光子，所以这一过程就可以不断重复很多次。总的效应有点像原子走进了子弹冰雹中。原子沿激光束方向的运动慢下来了，而沿别的任意方向的运动略有加快。

如果我们调整激光的频率，让它对应的能量恰好低于原子的一个能级差。朝激光入射方向运动的原子，引起光子发生多普勒移动，原子正好能够吸收光子，并减慢它们沿激光方向的运动速度。因为气体原子运动方向随机，如果我们想有效地降低原子的运动速度，我们必须利用 6 台激光器，排列成方向相反的三对，把气体中的原子全部包围起来，如图所示。最后构成的激光束结构叫作“光学糖浆”，因为其中的原子在各个方向都会受到使它们慢下来的力。随着原子速度的下降，必须调整激光束的频率，以保证慢下来的原子继续吸收光子，让运动速度进一步下降。这种用激光冷却的第一次实验，是在 1985 年由朱棣文和他的同事在美国新泽西州荷尔德尔的贝尔实验室实现的。他们将钠原子冷却到了令人震惊的绝对零度以上 0.00024 开。可是要产生气态的玻色—爱因斯坦凝聚，这一温度还是太高了。而且，仅仅在大约 1 秒钟之后，重力就会导致陷在光学糖浆里的冷却原子掉出陷阱。这一难题后来被马里兰州国家标准与技术研究所的威廉·菲利浦斯和他的小组，利用一系列磁场解决了。

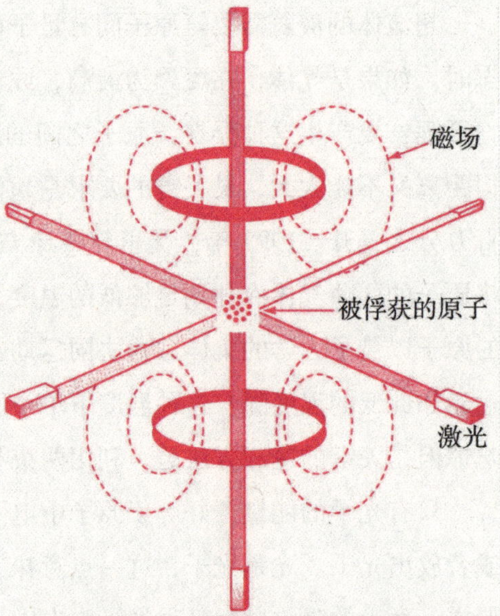

六束激光被用来减慢陷入原子的速度。磁场用来把原子维持在陷阱中

很多原子在磁场中像个小磁铁，有磁性。在一个不均匀的磁场中，小磁体的南北两极受力不同。菲利浦斯和他的小组修改了光学糖浆装置的设计，在激光原子陷阱的上面和下面各添加了这样一个磁场。修改后的光学陷阱能够将原子保持时间大大延长，他们因此成功地将原子冷却到0.00004开。这一结果很让人迷惑，因为理论预计，利用激光多普勒效应冷却的原理，只可以将原子冷却到大约0.00024开。理论物理学家们并没有费太长时间，就提出了一套理论，解释这一额外的亚多普勒冷却是怎么出现的。法国的克劳德·科恩·坦诺吉和他的同事发现，原子吸收或者发射光子的时候，牵涉的电子能级不止一个。他们的理论预言，激光冷却可以将原子的速度降低到单个光子给原子的反冲速度。利用他们这一关于激光冷却的新理论，法国的一个小组将氦原子冷却到了0.00000018开。1995年6月，真正的突破出现了。以科罗拉多大学的艾里克·康奈尔和卡尔·威曼为首的一组物理学家，成功地将一群原子冷却到了绝对零度以上一亿分之二度，并制造出了物质的一种新的量子态。大约2000个原子形成了一个玻色—爱因斯坦凝聚态，它们的行为跟经典单个分立原子很不一样。从某种角度来说，这种凝聚态是原子版本的相干激光。

为了表彰他们在超冷原子方面的开拓性工作，朱棣文、克劳德·科恩·坦诺吉和威廉·菲利浦斯被授予了1997年的诺贝尔物理学奖。他们发明的这项技术的关键特点是，可以用光来操作物质。这种技术的应用已经为我们带来了更精确的原子钟，也使原子干涉装置、“光学镊子”等设备的研制成为可能。光学镊子可利用光学力来控制和操作比原子大的物体，比如DNA链。

知识点

绝对零度

绝对零度是热力学的最低温度，但此为仅存于理论的下限值。其热力学温标写成K，等于摄氏温标零下273.15度（-273.15℃）。在绝对零度下，原子和分子拥有量子理论允许的最小能量。

延伸阅读

单原子的俘获及操控

在微观尺度上操纵原子分子，按人类的意愿改变原子分子间的排列组合，长久以来是我们人类的一个梦想。在凝聚态物理领域前沿的表面物理中，依靠扫描隧道显微镜技术可以移动和控制一些原子的位置，但无法脱离样品表面完成对原子分子的俘获。激光冷却技术恰恰能够弥补这个缺陷。例如可以利用激光俘获需要的原子，再用激光将其输送到需要的地方，组合成新的分子或凝聚态物质。甚至可以利用激光俘获大生物分子如DNA等，取代上面某些原子，从而改善动物或人类的基因，这将引起分子生物学上的一次重大革命。

德国马普学会量子光学研究所的科学家在欧洲核子中心启动了一个项目，内容是利用激光冷却技术俘获反氢原子，研究它和氢原子间的异同。这个项目成功之日将是人类控制并利用反物质的开端。

电磁与量子

DIANCI YU LIANGZI

电磁与量子学关系紧密，量子电动力学是最有说服力的例子。量子电动力学是量子论中最成熟的一个分支，它研究的对象是电磁相互作用的量子性质、带电粒子的产生和湮没、带电粒子间的散射、带电粒子与光子间的散射等等。它概括了原子物理、分子物理、固体物理、核物理和粒子物理各个领域中的电磁相互作用的基本原理。

泡利不相容原理和电子自旋

从 1913 年玻尔用量子论解释卢瑟福原子模型起，直到 1925 年，量子论虽然取得了节节胜利，但仍未达到物理学家预期的目标。其中一个很现实的目标是，准确地解释原子的结构和元素周期表。对当时的状况，海森堡曾做过生动的描述："1924 年至 1925 年冬，在原子物理学方面，我们显然到了一个浓雾密布，但是已露出了一线阳光的领域。并且，振奋人心的新前景正在我们面前展现出来。"

这一线阳光，就是不相容原理和电子自旋。前者是奥地利物理学家泡利提出的，后者是荷兰物理学家乌伦贝克和高德斯密特一起发现的。这两件事都发生在 1925 年。

泡利不相容原理是说：原子中不能有两个以上的电子处于完全相同的状态。所谓相同的状态，是指表示电子的量子性质的特征量（物理学的专业术语叫量子数）都相同。不相容原理很像某个王国的这样一条莫名其妙的法规：在环绕王宫的整条街道上，如果只有一个人在那儿，那么他的行为就是自由的，不论怎么走都可以；如果有两个人在那儿，那么他们的动作就必须不相同，一个人直立着走，另一个人就得倒立着走。总之，任何一条街道上都不能容留两个行为相同的人。按照玻尔的量子论，原子中的电子只能在一些特定的轨道上运动。那么，同一条轨道上能容许几个电子呢？这就靠不相容原理来给出确定的限制。我们知道，氢原子是最简单的原子，它的核叫作质子，也是最简单的原子核。由于氢原子只含有一个电子，所以这一个电子不存在与同伴行动一样的问题。然而，复杂些的原子含有多个电子，比如说有 Z（原子序数）个，它的原子核则是由 Z 个质子和若干个中子构成的。多个电子在核外轨道上的分布规则，就是要求一个轨道上不能有两个状态相同的电子在一起。什么叫状态相同呢？就是表示电子状态的量子数都有相同的值。

根据泡利不相容原理，用刚刚建立的量子力学就能解释元素周期表。这在当时真是个非同小可的胜利。自从门捷列夫发现元素周期律以来，对于元素的性质为什么会有这种周期性的变化这个问题，包括化学在内的所有学科，无一能够回答。刚刚建立起来的量子力学居然轻而易举地就达到了预定目标，这自然是令人惊异的。此时，物理学家虽然为自己的成功而欢欣鼓舞，但仍在思考一个细节问题。这个细节是泡利在不相容原理中指出来的。按泡利的分析，要想说清楚原子中的电子是个什么样子，就要说出它的四个特征，也就是 4 个量子数，就像说一个人身高、胖瘦、脸型和肤色这样的特征一样。可是，当时只知道 3 个量子数，谁也不知道第四个是什么。连泡利这样传奇式的“思想巨人”也只是推测说，这第四个量子数是“一种用经典方法无法描述的东西”。这就更表明了寻找第四个量子数的难度。因为已知的 3 个量子数，都能在经典力学中找到相对应的类比量，即都有经典力学的解释，而这第四个却没有经典对应，所以更是玄妙莫测。

电子的第四个特征是什么呢？大家都在找，像玻尔、海森堡和泡利等大物理学家也百思不得其解。忙了大半年之后，这个东西却被荷兰物理学家埃伦菲斯特的两个学生发现了。

两个年轻人一个叫乌伦贝克，一个叫高德斯密特。他俩互相取长补短，在一起不到几个月，就做出了惊人的成绩。

高德斯密特比乌伦贝克先知道不相容原理，于是就讲给乌伦贝克听。乌伦贝克听后，觉得泡利的理论与玻尔的原子模型之间缺乏最起码的联系。他很自然地想到，前3个量子数对应着电子的3个自由度，第四个量子数也应该对应一个自由度，即电子可能还有个“自转”的自由度。当乌伦贝克把这个想法讲给高德斯密特听时，高德斯密特问道：“什么是自由度?”这样一问，让乌伦贝克大吃一惊，哭笑不得。等我们回答了高德斯密特的问题后，自然就明白了让人哭笑不得的原因。所谓自由度，是用来确定物体的运动状态所需要的独立坐标的数目。例如，在空间处于自由状态的小物体具有3个自由度。如果它的运动受到某种限制，自由度就会相应地减少，在平面上运动的物体只有两个自由度，在曲线上运动的物体就只有1个自由度。我们玩一粒弹子，让它在空间随意跑的话，它有3个自由度；把它放在桌子上让它沿桌面跑的话，它有两个自由度；让它沿一条细槽跑的话，就只有一个自由度。可见，一个研究深奥问题的理论物理学家一时疏忽了这样一个起码的概念，就像一位大学数学教师偶然间忘记了什么叫自然数一样可笑。

等到乌伦贝克把自由度这个概念讲述一遍之后，高德斯密特立即领会了乌伦贝克的想法。他俩经过讨论和计算后认为，这第四个自由度对应着电子的“自旋”，与地球自转运动类似，电子也会像陀螺一样转动。考虑了电子的自旋之后，泡利不相容原理就变得更加明确和更易理解。

两人把有关自旋的想法，告诉了他们的老师埃伦菲斯特。这位老师听过之后，觉得这个想法非常重要，不过也可能是异想天开。他一边让这两个学生写篇论文投到《自然》杂志，一边亲自写信征求洛伦兹的意见。洛伦兹是当时全世界公认的伟大物理学家。10来天后，洛伦兹把一个按自旋计算出来的却与电子的已知性质相冲突的结果，当面告诉了乌伦贝克。乌伦贝克听后大吃一惊，立即找老师讲明洛伦兹发现的问题和困难，要求撤回已投的稿。埃伦菲斯特此时也觉得自旋的想法很可能真是胡说八道，由于当时发表文章的周期非常短，所投的稿可能即将出版，无法撤回来，所以他平心静气地安慰两个学生说："你们还很年轻，干点蠢事也没有什么关系！"

1925 年 11 月 20 日，这篇还带有很大疑问的论文被正式发表了。在哥廷根的海森堡看到论文后，马上给高德斯密特写了一封信。海森堡钦佩他们的想法，并认为有了自旋就能解释泡利理论中的所有困难。紧接着，爱因斯坦和玻尔也积极支持自旋假说。由于这些物理学大师的青睐，电子自旋假说就基本上被物理学家接受了。

电子有点像陀螺的这个相貌特征被确认后，解决了当时的原子理论中许多令人头痛的难题，使得原子结构的知识变得有条有理。1928 年，英国物理学家狄拉克建立了相对论性的电子运动方程（即著名的狄拉克方程），自然地得出了电子具有自旋特性的相同结果。随着研究的进一步深入，人们发现所有微观粒子都具有自旋性质，有的像电子一样取半整数值（比如 1/2 就是半整数），而有的却取整数值（比如 1 就是整数）。于是，人们按自旋的取值把微观粒子分成两大类：自旋取半整数值的一类叫费米子，自旋取整数值的一类叫玻色子。至于自旋的本质究竟是什么，这些取值有什么更深的奥秘，这是如今的粒子物理学家也难以回答的问题。

知识点

自由度

自由度是统计学、物理学、工程机械中的基本概念，电子游戏中也有自由度这个概念。在物理学中，自由度指在一个未约束的动力或其他系统中，为了完全确定该系统在给定时刻的位置所需要的独立坐标的数目。例如，在空间运动的粒子具有 3 个自由度。

延伸阅读

“尖刻”的泡利

泡利全名沃尔夫冈·泡利（1900—1958），美籍奥地利物理学家。泡利的贡献遍及当时物理学的各个领域，他参与了量子力学的基础建设、量子场论的基础建设……在物理学领域，泡利似乎是一个征服者而不是一个殖民者，他大量的工作没有发表，而是遗留在私人信件里。在今天能查到的信件中，可以发现大量这样的例子。泡利以严谨博学而著称，同时也以尖刻和爱挑刺而闻名。下面是泡利这种个性的几个实例：

(1) 在20岁时，泡利有一次前去聆听爱因斯坦的演讲，坐在最后一排座位，他向爱因斯坦提出了一些问题，其火力之猛，连爱因斯坦都招架不住。据说此后爱因斯坦演讲时，眼光都要特别扫过最后一排，看泡利有没有来。另外还传闻，爱因斯坦在一次国际会议上作报告，结束后泡利站起来说：“我觉得爱因斯坦并不完全是愚蠢的。”

(2) 在听了意大利物理学家塞格雷的报告之后，泡利说：“我从来没有听过像你这么糟糕的报告。”塞格雷一言未发。泡利想了一想，回身对同行的瑞士物理化学家布瑞斯彻说：“如果你来作报告，情况会更加糟糕。当然，你上次在苏黎世的开幕式报告除外。”

(3) 一次，泡利想去某地，但不知该怎么走，一位同事告诉了他。后来那位同事问他找到没有，他说：“不谈物理学的时候，你的思路应该说是清楚的。”

(4) 他曾经批评学生的论文：“连错误都算不上。”他对一篇文章最好的评价就是：“这篇文章几乎没有错。”

(5) 以放荡不羁著名的物理学家费曼对别人的意见常常摆出一副“你管别人怎么说的”神气，但当有人提起泡利对当代物理学家的批判时，费曼却迫不及待想知道泡利对他做了何种评判，泡利仍然是不改他的尖刻，说“费曼那家伙，讲起话来简直就像是纽约的黑社会人物”。

量子电动力学的意义

量子物理最辉煌的成就，是以很高的精确度描述了带电粒子彼此之间以及带电粒子与磁场之间的那种相互作用的方式。这句话听起来有些不好懂，其实，它的实质是说，量子电动力学（简称 QED）描述了只要不是由重力所描述的有关物质的一切事物。我们的日常事物是由原子和分子组成的，而这些原子和分子，彼此之间是通过在原子外层部分的那些电子而发生相互作用的。量子电动力学能够说明涉及电子的所有的相互作用，因此，只需利用量子电动力学，就足以说明我们的日常事物。量子电动力学能够解释海洋为什么呈蓝色，内燃机内部的燃爆是如何进行的，还可以说明所有的化学反应是如何发生的。用费因曼的话来说，量子电动力学是在只要能够忽略万有引力的所有场合的“关于光和物质的理论”。事实上，在我们处理一个原子的核内所发生的事情时，我们便可以不考虑引力，而只需要考虑其他几种自然界中的力（或者说“相互作用”）。

量子电动力学的基础建立于 20 世纪 30 年代。当时有两位物理学家——德国的贝蒂和意大利的费米，他们提出，带电粒子之间的相互作用可以用这些粒子之间正在进行光子交换来加以说明。这个理论的最后完成，是在 20 世纪 40 年代，这主要是三位物理学家的功劳。他们是日本的朝永振一郎、美国的施温格和费因曼。这三人对理论的具体表述方法有所不同，但在数学上是等效的。其中，费因曼的方法更易于用物理语言来表达，比较容易理解，因而就成为量子电动力学的一种标准表述。

量子电动力学的物理意义可以利用被叫作费因曼图的一些图形来帮助理解。在这些图中，用被称作“世界线”的直线代表电子路径，它们被绘在以时间和空间为坐标的坐标图中。竖直线代表一个静止不动的电子，因为这样的电子在空间的位置不变。世界线的倾角愈大，电子在空间的位置变化率也愈大，因而运动得愈快。在费因曼图上还画出了与磁铁的磁场相联系的光子。这样，在费因曼图上就可以形象地看到一个光子如何与一个做直线运动的电子发生相互作用，导致它偏转，使之沿着一条新的路径法预言电子应该具有一种被叫作磁矩的性质，而且其量值应该正好等于1。至于磁矩究竟是什么，不知道也没有关系（可以把磁矩想象成是用来判断一个电子是否容易被磁场旋转的一个物理量），你只需记住，磁矩是可以用实验非常准确地加以测定的一种性质。实验测出的电子磁矩实际上要比1稍微大一点，这是因为，量子电动力学的这种简单的表述在这种事情上不可能说得绝对准确。

费因曼指出了改进这种简单模型的方法，并绘出一幅图，用以着重说明实际进行的过程。在进一步的计算中，在分析电子与光子的相互作用时，电子仍然发射光子，但接着又吸收另一个光子，与其本身相互作用。绘出表示这种相互作用的图形不难，难的是计算。计算这种相互作用得到的结果，预言磁矩应比1稍微大一点，但是仍然要比测量值小。不过，事情不应该到此为止。没有理由认为电子不会辐射两个（或更多的）光子，一个接一个，而且再吸收它们。在计算中，每多考虑进来一个光子，就会使计算值更加接近磁矩的测量值。

更重要的还在于，费因曼可以“证明”，在计算中逐次多加进一个光子，“修正量”虽然会越来越小，但总是越来越接近实验值。当计算到假定电子辐射和再吸收多达4个光子的效应时，计算所预言的磁矩已经是1.00115965246，而最精确的实验所得的测量值为1.00115965221。理论与实验的符合程度精确到了小数点后10位，即精确到0.00000001%，对于已经做过的任何实验，这是理论和观测最为精确符合的典范。这有力地证明，量子物理的整座大厦具有十分坚实的基础，我们可以放心大胆地利用这一工具来预言（或解释）原子和分子的行为。

知识点

磁 矩

磁矩是描述载流线圈或微观粒子磁性的物理量。在原子中，电子因绕原子核运动而具有轨道磁矩；电子还因自旋具有自旋磁矩；原子核、质子、中子以及其他基本粒子也都具有各自的自旋磁矩。

延伸阅读

那个意大利航海家已经进入了一个新世界

费米全名为恩利克·费米（1901—1954），美籍意大利裔物理学家。他在理论和实验方面都有第一流建树，这在现代物理学家中是屈指可数的。100号化学元素镄就是为纪念他而命名的。他先后获得德国普朗克奖章、美国哲学会刘易斯奖学金和美国费米奖。1953年被选为美国物理学会主席，此外，还被德国海森堡大学，荷兰乌特勒支大学，美国华盛顿大学、哥伦比亚大学、耶鲁大学、哈佛大学、罗切斯特大学和拉克福德大学授予荣誉博士。

在费米的早期实验工作中，用刚刚发现的中子去引发人工核反应。1938年费米获得了诺贝尔物理学奖，并因此逃离法西斯统治下的意大利，到美国定居。作为战争时代原子弹计划的一部分，费米建造了第一个核反应堆。这种能够自己持续进行的核裂变反应投入运行以后，美国物理学家康普顿在一封密码电报中说："那个意大利航海家已经进入了一个新世界。"

磁单极子的假设

据史书记载，最早发现磁石有两个极的是我国古人。在东汉哲学家王充编著的《论衡》中，就有着磁极和罗盘的介绍。书中讲了磁石有两个极，每个极都能吸引金属屑，而且两极之一的“亲北极”指向北方，而另一极“亲南极”指向南方。《论衡》中还介绍了“指南匙”，即一块刻成大熊星座形状的磁石，把它放到光滑的铜板上时就会旋转，直到匙把指向南方。这就是我国的四大发明之一指南针的雏形。

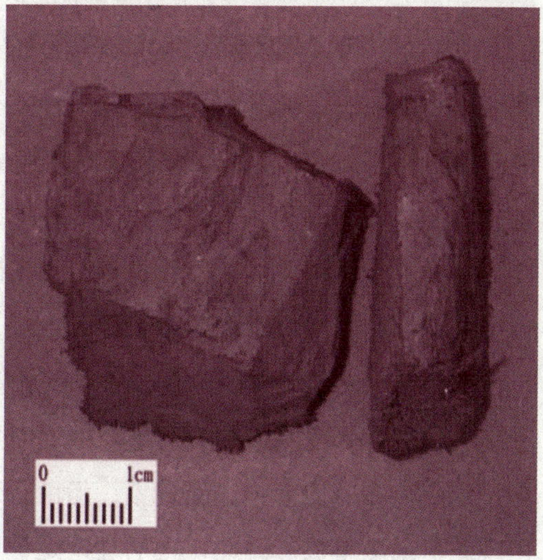

磁 石

到了16世纪后半期，随着对电和磁认识的深化，西方人则后来者居上。在英国伊丽莎白时代，既是医师又是磁学家的希尔伯特对磁现象有了更深入的研究。他根据1269年马里阔特提出的磁极的概念，正确地猜测到了罗盘的原理。希尔伯特认为，地球本身就是一个大磁体，“亲南极”在地理北极附近，吸引用来做罗盘的磁体的“亲北极”。他还注意到，电和磁虽然有相似的地方，但也有区别。磁石只吸引铁，不过用不着摩擦；而琥珀吸引任何材料的碎屑，都得先与适当的材料摩擦“起电”之后才行。

从19世纪20年代起，由于丹麦物理学家奥斯特、法国物理学家安培和英国物理学家法拉第等人的卓越贡献，人们开始认识到电性和磁性的深刻联系，即认识到电和磁相互感应的电磁性。人们把所有磁性都归结为电磁性，认为磁

丹麦物理学家奥斯特

性都是由磁石或磁铁粒子里的循环电流引起的。例如，地球的磁性就是由它内部熔岩中的环形电流产生的。对于磁性或说磁场的强弱，人们常用一种叫“高斯”的单位来量度。地磁场大约为0.5高斯，而载有15安培电流的导线在2厘米远处的磁场为1.5高斯，它是地磁场强的3倍，所以能剧烈地偏转罗盘针。

不论是电磁学理论，还是实验现象，都符合这样一个重要规律：对电荷来讲，不论是正电荷还是负电荷，都可以单独存在；而对磁极来讲，不论是磁南极还是磁北极，却都不能单独存在，它们总是在一个磁体中同时出现。大家都有这方面的经验，你折断一根磁棒，南极和北极会在断开的两根上立即恢复；你在一个螺旋线圈中通过电流，于是，线圈的一端是南极而另一端必是北极。人们自然会问，会不会像正负电荷那样，也有带正磁荷或负磁荷的单独磁极存在呢？或者说，有没有带单一磁极的粒子即磁单极子呢？

1861年，苏格兰物理学家麦克斯韦建立了统一描述电现象和磁现象的方程组，被人称为麦克斯韦方程组。他当时用电荷和电流来描述电现象时，也考虑过用磁荷和磁流来描述磁现象，但由于缺乏实验依据，所以在他的方程中不出现磁荷或磁单极。因此，他的理论是把所有的磁性都用运动电荷来解释，使电现象和磁现象之间的不对称更加突出了。

1931年，量子力学的创立者之一、正电子的预言者、英国物理学家狄拉克，提出了一个新见解。他根据电与磁的对称性，推测有磁单极子存在。就像带电粒子带有基本电荷 e 一样，磁单极子则带有基本磁荷 g。狄拉克预言了电荷和磁荷之间的定量关系为：$eg = n/2$，这里 n 是任意整数。在这个式子中，当电荷的电量取电子电量，n 取1时，可以得到磁荷 g 的大小，它是电子电荷的68.5倍。磁单极子在1厘米远处产生的磁场强度约为亿分之一高斯，比星际磁场的十万分之一高斯还弱得多，不过，借助低温技术，即使是这千分之一的磁场也能被测量出来。

如果磁单极子真的存在，它就能解释一个量子力学所不能解释的问题，即电荷的一致性问题，或者说电荷量子化的问题。为什么所有的电子都带相同的电荷量？为什么质子和正电子等带电粒子以及所有带电物体所带的电荷量，都是电子电荷量的整数倍？有了磁单极子，这些问题就能自然地得到解释，因为此时基本电荷是与磁荷有关的一个量的整数倍［$e=n\ (1/2g)$］，本身就是量子化的。

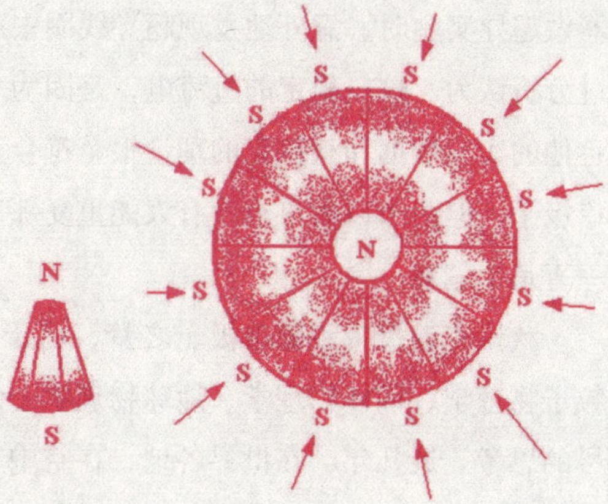

磁单极子

一个能反映某些客观规律的方程，对它的任何一个解，哪怕是很奇怪的，往往总能找到它的物理含义。比如我们前面提到的狄拉克 1928 年建立的相对论量子力学方程，其中的负能量解就非常奇怪，狄拉克没有轻易扔掉它，而让它对应反粒子，结果导致了反物质世界的发现。如今考虑磁单极子这一预言，不论是从电和磁的对称和谐上讲，还是从量子理论的基本需要上讲，这个预言都是相当漂亮的。不过，狄拉克的磁单极子理论，没有给出这种粒子的大小、质量和在宇宙中的含量等基本属性，这给寻找磁单极子的工作带来了很大困难。

在狄拉克以后的许多研究工作中，对磁单极子的一些属性的猜测，在不同的模型中差别很大。例如，有的假定磁单极子的质量比一般粒子的大不太多，这样就有可能通过宇宙线或加速器实验来产生它，而在把强力、弱力和电磁力当作同一种力看待的大统一理论中，认为磁单极子的质量相当于 1 亿亿个质子的质量，像这种超重磁单极子只可能在宇宙大爆炸时产生，所以只有在大爆炸的“化石”遗迹中寻找它。

几年来，尽管许多实验物理学家积极探索，但仍然没有得到磁单极子的确凿证据，而且显出点迹象的也只有唯一的一次，那是在1982年2月14日，美国斯坦福大学的物理学家卡布莱拉，在用一个叫作超导量子干涉仪的磁场探测器做超导实验时，意外地发现超导线圈中产生了一个持续稳定的直流电。他经过分析认为，这一稳定的直流电，是因为一个磁单极子通过线圈时引起的，而且他的实验数据和狄拉克的理论很是符合。虽然卡布莱拉宣布他发现了一个磁单极子，但由于以后再也没有人能重复那次的实验现象，所以有没有磁单极子一直是个悬案。

狄拉克教授带着磁单极子之梦，已于1984年长眠。他的这一假说，却给粒子物理学、固体物理学、地球物理学、天文学和宇宙学等等学科，留下了不尽的思考。近几年，在世界各地，在空中、地上、地下、水底，已经建成或正在筹建各种大型探测装置。其中不少实验室都把探测磁单极子列为重要的研究课题，试图揭开神秘的磁单极子之谜。

知识点

干涉仪

干涉仪是利用光的干涉，测定光程差或其他参量的仪器。干涉仪原理来源：将来自一个光源的两个光束完全分开，各自经过不同的光程，然后再经过合并，可显出干涉条纹。在光谱学中，应用精确的迈克尔逊干涉仪或法布里—珀罗干涉仪，可以准确而详细地测定谱线的波长及其精细结构。

延伸阅读

沉默寡言的狄拉克

狄拉克（1902—1984），英国理论物理学家，量子力学的奠基者之一。1933 年诺贝尔物理学奖获得者。

在所有的评价中，德国物理学家埃尔萨塞对狄拉克的评价最有意思，也最中肯，下面是他的评价："他，个头很高，面容憔悴，手脚不那么灵巧，极度地沉默寡言。他把一切献给了一个主要兴趣。在这个领域他是一位杰出的人物，但对其他活动没有兴趣或者没有能力……他是具有超级数学心智的典型；对于其他人来说，这种心智蕴藏着多种利益，而对于狄拉克来说，他却将它全部用来完成他伟大的历史使命，即建立一门新学科——量子力学。"

"我依然觉得很难同狄拉克交谈，"认识狄拉克多年的一位剑桥物理学家曾说，"如果我要征求他的意见，我必须尽量简洁地说出我的问题。他总会用 5 分钟看天花板，接着又用 5 分钟看窗外，然后回答说'是'或者'不是'。不过，他的回答总是正确的。"

狄拉克不仅在科学问题上因直接与坦率而闻名，而且在日常生活中也是如此。他很难接近，甚至对那些与他共事很长时间的人也采取保留的态度。

金属，绝缘体与半导体

量子力学的伟大成果之一，就是让我们理解了不同种类固体的导电性问题。在固体中，电流是由电子的流动产生的。量子力学在解决这个问题的时候，取得了辉煌的胜利，它解释了为什么会有金属、绝缘体和半导体等不同的材料。可以毫不夸张地说，正是我们对材料的量子力学理解，直接导致了当今的技术革命，同时伴随着从立体声系统和彩色电视机，到计算机和移动电话这样的各式各样新奇和廉价的消费品的大量出现。固体的很多很多性质，比如颜色、硬度、质地等，都可以通过量子力学来理解。

传统物理学告诉我们，一种良好的导体，比如金属铜，必须有很多传导电子，在材料的两端出现电势差的时候，可以带上它们自身的一个电荷自由移动。一块绝缘体，比如玻璃或者聚乙烯，没有传导电子，因此在加上电压的时候，不会有电流出现。实际上还存在第三种类别的材料，也是固体，它们的导电性比绝缘体好得多，但是比金属差很多，这一类材料叫作半导体。锗和硅就是半导体的例子。加利福尼亚的圣约瑟附近一片地区名字就叫硅谷，从这个地名就可以看出这种半导体在新技术中有多么重要。

固体的性质，不仅仅取决于它们是由什么构成的，还跟它们的原子或者分子堆积的方式也很有关系。很多材料中，组成它们的原子按常规方式堆积，就像墙上砖的堆积方式一样。这种原子的常规堆积模式叫做一个“晶体点阵（晶格）”，以这种结构构成的物质就叫作“结晶固体（晶体）”。也有很多别的材料，不是这种晶体结构，但是，就像一堆乱砖一样，仍然有一定的强度和硬度。因为它们没有内在的晶体结构。把所有的原子按一种规则的方式排列，会对原子中电子所允许的能级产生巨大的影响。

把两个原子靠近，再观察它们的原子能级的变化，就可以大致猜测以常规方式堆积的原子的能级结构。根据泡利不相容原理，只有在两个电子的自旋方向相反的时候，两个氢原子才能结合形成一个分子。如果两个电子的自旋平行，泡利不相容原理将禁止它们相互接近，因此它们就不能结合。从能级角度来看，第一种情况下，两个电子的总能量比两个分立原子中两个电子能量之和低，这就导致了两个原子以共价键结合形成分子。而在第二种情况下，两个电子的总能量比两个分立电子的能量和高，因此无法成键。如果我们让两个钠原子靠近，在钠最外层电子的3s能级上也会发生同样的情况。如果我们继续把钠原子一个一个地放到一起，我们会发现，这些钠原子的3s能级会继续分裂，逐渐形成一个由很多相距很小的能级组成的“能带”。这一条能带叫作3s能带，因为能带里面的能级是从钠原子的3s能级分裂而成的。如果有N个原子，

3s 能带中就会含有 N 个能级，每个能级可以容纳两个电子，一个自旋向上，一个向下。原子里面能量更低的能级，对应束缚得更紧的电子，它们的波函数占据的空间更小，不同原子间相互重叠不像 3s 能级那样严重。因而这些能带的宽度要小得多。1s 和 2s 能带能够容纳 $2N$ 个电子，对于钠来说，这两个能带都已经占满了。2p 能带可以容纳 $6N$ 个电子（3 个不同的 p 态，每个态可以容纳自旋不同的两个电子，共有 N 个原子），也已经被完全占据了。一个钠原子在 3s 态上只有一个电子，因此，在一块含有 N 个原子的钠金属上，3s 能带中只有 N 个电子，带上的能级只被占据了一半。这些 3s 电子就是传导电子。如果在一根钠做的金属丝上加上一个电压，这些传导电子就会获得能量，向着电压的方向加速，很容易想象，它们会跳到 3s 能带上空闲的激发能级上。在氢分子的共价键中，两个电子由两个氢原子共享。从某种角度来说，金属可以被看成是共价键的一个极端形式，其中的传导电子被整块金属中所有的原子共享。

上面讨论的情况对应金属钠的最低能态，其中的钠离子固定在晶格上。室温下，晶格上的离子还有热运动，表现为在晶格上自己的位置附近来回振动。传导电子会因与格点上的离子碰撞，或因相互之间的碰撞而失去或者获得能量。因此，传导电子并不是正好把 3s 能带下半部分能级填满，上半部分能级空出来，而是有些电子会被热激发到高一些的能级上。这样就在 3s 能带的下半部分留下了一些空闲的能级。虽然室温下一次典型的热碰撞牵涉的能量只有不到一个电子伏特，但钠金属中能带之间的间隙很小，一些 3s 传导电子可以有足够的能量激发到本来空着的 3p 能带上。

电子热激发带来的复杂性，并没有显著改变我们的金属导电模型，但是对于绝缘体和半导体的导电性质，电子的热激发就很关键了。假设我们有一种材料，它的基态是一个完全被占据的能带加上一个在它上方的完全空闲的能带。如果这两个能带之间的间隙（能隙）很大，几乎没有电子能够通过碰撞而获得足够的能量跳到上面的能带上。因此，当给这种材料加上一个电压时，电子所处能级附近没有空闲的能级让电子获取少量能量跳过去——因为泡利不允许两个电子占据同一个量子态。低的能带已经满了，高的能带又离得太远，电子

半导体材料

跳不上去。这就是在绝缘体的情形：在上面的传导能带中，本质上不存在自由传导电子，因此就无法出现传导电流。半导体又是什么呢？它是一种能带结构与绝缘体类似的材料，但是上下两个能带之间的能隙比绝缘体要小得多。在常温下，有显著数目的电子被激发到上面的导带中。当加上一个电压时，上面导带上已经有比较多的电子，电子获取外加电场提供的能量的时候，也有足够的空能级可以利用。下面的能带中也有一些空能级，也可以参与导电过程。这样，半导体能够相当容易地传导电流，而且它们的导电性能跟温度很有关系，这一点与金属和绝缘体不同。

知识点

能级

现代量子物理学认为，原子的可能状态是不连续的，因此各状态对应的能量也是不连续的。这些能量值就是能级。在原子内部，各个轨道上的电子具有分立的能量，当电子吸收能量从低能级跃迁到高能级或者从高能级跃迁到低能级时要辐射出光子。

延伸阅读

调节半导体的导电性能

仅仅是半导体本身，并没有很大的实际用途。在纯半导体中，每10亿个原子只有一个原子贡献出了一个能导电的电子。而在金属中，几乎每个原子都贡献出一个或者更多的导电电子，这一明显的缺点也是一个很大的优点，因为可以根据需要调节半导体的导电性能，调节的方法就是在半导体中掺入大约百万分之一的适当杂质原子。

奇妙的“超导”现象

1908年7月10日，才凌晨5时，荷兰莱顿大学低温研究所的实验室里就热闹起来了。在这不寻常的一天，所长昂内斯教授和他的同事们，正准备攻克一个新的科学堡垒，即把氦气液化。把气体变成液体，可不像把水蒸气冷却凝结成水珠那样容易。把气体液化，需要很低很低的温度，实验上很难达到这样的低温。当时，只有少数几种气体被液化，例如氯气、氧气、氮气和氢气。1898年把氢气液化以后，不少人认为，液化氢气所达到的低温已经低到底了，要想再液化惰性气体氦气，怕是不可能的了。有些人想了许多办法，做了10多年的实验，都没有成功。

昂内斯对这件事的难度了解得很清楚，所以准备工作做得很细致。他事先对氦气的液化温度做了理论估算，预计是5K~6K。这里的“K”是绝对温标，绝对零度相当于－273.15℃，5K相当于－268.15℃，可见这个温度多么低！昂内斯不仅储备了大量氦气供液化使用，还制备了75升液化空气做冷却剂，其中有20升液氢。实验开始了。他们往氦液化器中小心翼翼地灌入液氢，进行预冷。到了下午 1 点半，20 升液氢已全部灌进氦液化器中，开始让氦气在里面循环。于是，液化器中心的恒温器开始进入低温，这个温度是靠氦气温度计显示。过了一段时间，大家却看不到温度的变化。于是，有的调节压力，有的改变膨胀活塞，大家用尽了办法来促进液化器的工作效力，都没有效果，温度计的指示器仍旧一动不动。到了晚上 7 点半，里面的液氢快用完了，还是没有发现液氦的迹象，眼看实验就要以失败告终。在快要结束实验的时刻，一位闻讯赶来看结果的教授，看到此种情景后对昂内斯说，氦气温度计本身的氦气会不会也被液化了，能不能从下面照亮容器，看看到底怎么了。昂内斯一听，顿时恍然大悟，马上照办。观察的结果使大家喜出望外，原来氦液化器中心的恒温器中已有了液体，通过光的反射便能看到液面。氦气终于被液化了！氦的液化不仅本身是件大事，而且导致了超导电性的发现。

在极低温度下，物质的性质有没有特别的变化？金属的电阻在绝对零度附近会怎样变化？为了弄明白这个问题，昂内斯挑选了水银做测定。1911 年 4 月的一天，昂内斯让助手霍尔斯特做这个实验。待测的水银样品是放在液氦恒温槽中，通过测量恒定电流经过水银时的电位差，来确定水银的电阻。出乎霍尔斯特的意料，当温度降到液氦的沸点 4. 2K 时，电位差突然降到了零，即电阻突变为零。昂内斯得知这一情况后，开始也不相信是真的，他自己又多次重复这个实验后，终于确认了这个奇特的零电阻效应。昂内斯在这年 4 月 28 日宣布了这一发现。后来他又测得锡在 3. 8K 时没有电阻，铅在 7. 2K 时没有电阻。他在 1913 年宣布说，这些材料在低温下“进入了一种新的状态，这种状态具有特殊的电学性质”。这种特殊电学性质被叫作超导电性，进入超导态的材料叫超导体。由于发现了超导现象，昂内斯荣获 1913 年诺贝尔物理学奖。

几十年来，尽管人们对超导现象的本质有所了解，超导体的低耗能优越性也显而易见，但人类对超导的实际应用却非常迟缓。这是为什么呢？我们只要想想昂内斯发现水银超导的那个温度就能不言自明了。那可是 4. 2K！一种材料从正常态进入超导态时的转变温度叫作临界温度。不同的材料有不同的临界温度。直到 1985 年，人们发现的超导材料的临界温度都很低，都在 23.4K 以下。显然，这个低温条件限制了超导技术的应用。因此，要想应用超导，就得设法提高临界温度。从几十年前起，人们就努力研究氧化物超导体，希望找到高温超导材料。从 1986 年开始，临界温度的最高记录就不断被刷新，从 30K、37.5K、40K、48.6K、78.5K、98K 到 105K、123K、125K。这一系列重大突破对超导材料的实际应用有着深远的意义。德国物理学家缪勒和瑞士物理学家柏德诺兹，是最先发现氧化物超导体的，他们为寻找高温超导材料开辟了一条新路，因此荣获了 1987 年诺贝尔物理学奖。

超导的应用将涉及能源、交通、自动化、通讯、地质、医学、军事和基础科学等广泛领域，例如电能输送、超导磁悬浮列车、超导电子计算机、医学临床应用和军事应用等方面。这里举一个例子：1998 年 4 月 14 日，在日本山梨县实验路线上，磁悬浮列车在行驶实验中，时速达到每小时 552 千米，创世界铁路行车时速的新记录。当天的实验列车由 5 节车厢组成，乘客 13 人，总载重量为 10 吨。在新的世纪里，当人们坐上超导磁悬浮列车时，有谁不感慨“超导真奇妙”呢！

知识点

氧化物超导体

氧化物超导体即含氧的化合物超导体，它们大多数具有派生的层状类钙钛矿型结构，一般具有单层或多层的二氧化铜平面，所以也称层状结构氧化物超导体。也有非含铜超导体的。

延伸阅读

与超导电性有关的新发现——量子霍尔效应

经典霍尔效应是在19世纪由美国物理学家埃德温·霍尔发现的。他发现，如果给有电流通过的晶体结构材料中加上一个磁场，传导电子将偏向一边，从而在材料两边形成一个电压，电压方向与电流方向垂直。随着磁场的增强，霍尔电压也会增加。

1980年，克劳斯·冯·克利青和他的同事做了一个实验，他们把电子困在两块半导体之间，因而将电子的运动限制在一个平面上。这实际上模拟了高温超导体上电子的状态。当这个体系被冷却到仅高于绝对零度1～2度时，他们发现，在磁场强度连续平滑加大的情况下，霍尔电压的升高呈不连续的、一步一步的变化。而且，当霍尔电压处于这些台阶上时，材料变成了几乎完美的导体。从技术上讲，这时材料并不是超导体，因为磁场没有被屏蔽在材料之外，但是看起来似乎又的确与超导性有一些关系。

正是这一现象的发现，导致了克劳斯·冯·克利青在1985年被授予诺贝尔物理学奖。这一发现是在法国格勒诺布尔的国家磁场研究中心完成的。量子霍尔电阻现在已经被用来当作电阻测量设备的校对标准。

魔术般的超流动性

世界真奇妙，不看不知道。让我们先来看如下演示：把一只空烧杯放进某种液体中，盛满液体后，就把烧杯逐渐从液池中往上提。当烧杯口提出液池的液面后，你会发现一种奇怪的现象：原本是满满的一杯液体，此时却在自动地减少，杯内的液体沿着烧杯的内壁向上爬行，并翻过杯口顺外壁而下，在杯底外面形成液滴后又滴落到液池中，直到杯内液体一滴不剩为止。这像不像玩魔术呢？你肯定会说，何止像，简直比魔术还神奇！而实际上，这是一种实实在在的物理现象，是低温液体的爬行膜效应，上面说的液体是一种叫作液氦Ⅱ的液态氦气。

我们都熟悉常温下的一些物质形态，但对低温下尤其是极低温度下物质的情况就不太了解了。此时，物质的性质有没有特别的变化？这个问题不只是让我们好奇，同样也吸引着许多科学家。100 多年来，正是这个问题，促使一代代的科学家前赴后继，让一些在常温下被掩盖了的现象，在低温下显示出来。这一点不仅大大丰富了人类对物质世界的认识，而且在现代科学技术的应用中也有着非常实际的意义。例如 1986 年 1 月 28 日美国“挑战者”号航天飞机的爆炸事件，这个震惊世界的人类悲剧，就是由寒冷对物质的影响而直接酿成的。

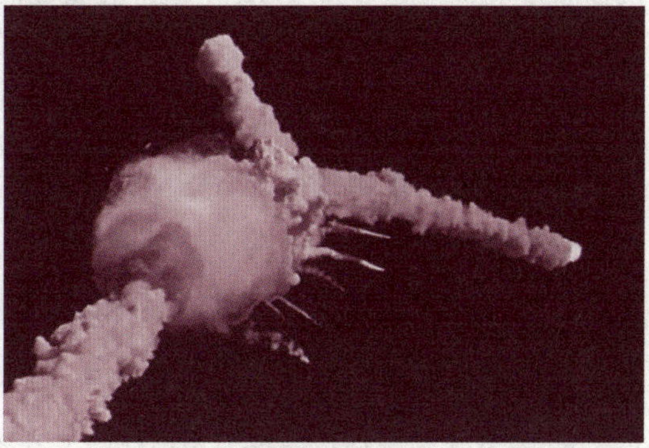

“挑战者”号航天飞机升空中爆炸

“挑战者”号航天飞机起飞刚过 1 分钟就爆炸了，7 位航天员全部遇难，数以千万计的电视观众眼睁睁地看着它在空中爆炸。在事故调查中起决定作用的理论物理学家费曼发现，是密封垫的橡胶在 0℃以下不再有弹性而直接导致了这场灾难。这种密封垫，是推动航天飞机进入轨道的两个固体燃料助推火箭的一个部件。助推火箭是由几个圆柱形的部件接合而成的。密封垫是用橡胶做的圈，嵌在两部件的接合处，为的是把结合处封紧，以防在燃料燃烧时热气从缝隙泄漏。如果在发射中密封垫完全失效，就会导致机毁人亡的惨剧。用作密封垫的橡胶在室温下富有柔韧性，而在冰点以下只需几秒钟就会失去弹性。“挑战者”号升空时当地温度只有 -2℃，是寒冷使密封垫失效。对物质特性可能随温度变化而变化这一点的忽视，竟产生了如此严重的后果。上述例子中说的低温，是普通意义上的低温，远不是液化气体时的极低温度。把气体变成液体，可不像把水蒸气冷却下来凝结成水珠那样容易，而是需要很低很低的温度。1898 年，当氢气被液化后，不少人认为液化氢气的温度已经够低了，要想再液化惰性气体氦气怕是不可能的了。有些人想方设法做了 10 多年实验，都没能得到液氦。

1908 年，荷兰物理学家昂内斯终于把氦气液化了。氦气的液化，不仅本身是件大事，而且导致了超导电性和超流动性的发现。这两种物质特性，都是量子现象在宏观尺度上显示出来的效应。

在超导电性被发现之后，人们发现液态氦具有一些和普通液体极不相同的特性。当液氦被冷却到 2.17K 时，液氦会发生相变，变成另一个新的液相，而且新的液相可以保持到接近绝对零度。不同“相”的区别，就像液体相（比如水）有别于气体相（比如水蒸气）一样，新相的液氦和在较高温度时的液氦也不相同。这个 2.17K 被称为液氦的转变温度。高于 2.17K 的液氦被称为氦Ⅰ，低于 2.17K 的液氦被称为氦Ⅱ。氦Ⅰ的性质和普通液体一样，是正常的，而氦Ⅱ则显示出一种非同寻常的性质——超流动性。

液体能够在细微的毛细管中潜行，或者流过狭小的缝隙而不会遇到任何阻力，这种性质称为超流动性，这种液体称为超流体。

1938 年，苏联物理学家卡皮查和英国的艾伦等人，同时发现了氦Ⅱ的超流现象。他们发现，氦Ⅱ能以每秒几厘米的速度，流过经过光学抛光的玻璃贴面间的缝隙（约为几万分之一厘米）。后来人们又发现，这种超流体甚至能爬上容器的壁而逃逸，即出现本文开头所说的爬行膜效应；或是从小得连气体也不能通过的微隙中渗漏出来。

到了 20 世纪 50 年代初，物理学家对超流之谜做出了理论解释。苏联物理学家朗道和美国物理学家费曼，各自独立地建立了超流理论。他们的基本思想是一致的，都是把氦Ⅱ看作是两种独立的液体的混合体。这种二流体模型是说，可把一部分流体看作是正常液体，具有普通液体的性质；另一部分则看作是处于绝对零度状态的超流体，此时液体会全部处于最低极限量子能量态。超流体的这种解释，是把所有氦原子看成是由像光子或电子似的粒子组成的理想气体。这样，氦原子之间的相互作用，可归结为这些粒子的量子性质，在低于 2.17K 时，部分液体的行为与玻色子（例如光子）气一样，而余下部分则与费米子（例如电子）气的行为相同。因此我们可以简单地这样来看，一种带有类似气体性质的液体，它别具“飘逸”的风采就不太奇怪了。

在液氦的理论研究方面，费曼在 20 世纪 50 年代就很有名望，唯一的一个与他对等的是朗道，而且费曼自己也这么认为，他把朗道看成是他的苏联的对等者。不久之后，因为“物质凝聚态理论的研究，特别是液氦的开创性理论”，朗道荣获了 1962 年诺贝尔物理学奖。他在获奖演说的引文中，明确地提到了费曼在液氦理论方面的工作，费曼之所以未获奖，主要是因为他的更有名的杰作是量子电动力学，因此没有人真正考虑过把那年的奖让他与朗道平分秋色。3 年后，因为在量子电动力学方面所做的工作，费曼荣获了 1965 年诺贝尔物理学奖。

知识点

爬行膜效应

爬行膜效应是氦Ⅱ膜超流动性的一种表现。氦Ⅱ与容器表面接触的一层厚约 50～100 个原子厚度的膜称氦膜，它可以无阻地沿器壁流动，犹如沿器壁爬行。当一端开口的空腔容器底部插入氦Ⅱ池，池中沿器壁氦膜上爬至顶端后沿内壁下爬，直至容器内外液面相平。相反，盛有氦Ⅱ液体容器放在池液面上方，容器中沿内壁上爬的氦膜经顶端又沿外壁下爬而注入液池，直至容器内氦Ⅱ流尽为止。氦膜的流速与压力差和膜长几乎无关。

延伸阅读

受人爱戴的费曼

费曼全名理查德·费曼，美国科学家，也是当代最受爱戴的科学家之一。他不但以其科学上的巨大贡献而名留青史，而且因在“挑战者”号航天飞机事故调查中的决定性作用而名闻遐迩。他与施温格和朝永振一郎因在量子电动力学方面所做的对基本粒子物理学具有深刻影响的基础性研究，共同分享了1965年度诺贝尔物理学奖。

他在研究量子力学基本问题的过程中，运用作用量的表现形式，建立了量子力学的路径积分方法，并用它重新写出了整个量子电动力学，使之具有相对论协变性。他把基本过程看作是粒子从一点到另一点的传播，并用简单图形来描绘基本粒子之间的相互作用，这就是粒子物理学家十分熟悉的费曼图。

费曼将物理学研究视为一种娱乐。他有一种独一无二的与自然交流的方式。只有当他将其用公式表达出来以后，我们才能与他分享“真实世界”的秘密。他以坦诚和严肃闻名。他在科学上极端的诚实令人啧啧称赞。他也是一位优秀的教师，他关于物理学的讲演曾引导无数青年学生进入到神秘的物理殿堂。

高性能量子计算机

英特尔公司的创始人戈登·穆尔在1965年曾做出过一个预言，他说：计算机芯片中的晶体管数量每过18个月就会增加一倍。这个预言现在被叫作“穆尔定律”，到目前为止还是正确的，不过大概不久就会失效。这是因为，现在正在研制中的晶体管，其内部的元件仅有3个原子的厚度，那么，不需太久，研究人员就会达到利用原子来制造工作元件的那个物理极限。再往后，研

戈登·穆尔

究人员将能够设法开发量子计算机，在其中直接利用原子和分子来完成计算机的存储和处理信息的任务。目前的计算机处理的是二进制的“位”，只有两种状态“0”或者“1”，而未来的量子计算机则将会用到“量子位”来进行信息编码。一个“量子位”可以是一个“1”或者一个“0”，但也可以是一种重叠状态，即同时是“1”和“0”，甚至还可以是两者之间的某个状态。由于量子计算机可以同时包括这许多状态，因而就其潜力而言，其运算速度将会比今天功能最强的计算机还要快数百万倍。

现代电子计算机内部的微芯片的工作原理已经离不开电子和原子的量子性质。但是，全世界已经有不少研究小组正在积极探索制造出真正的量子计算机的可能性。量子计算机一旦被研制出来，同今天性能最好的计算机比较起来，其进步就如同今天的计算机相对于算盘所取得的进步。要想象一台量子计算机是如何工作的，就要先分析一下不同的状态重叠在一起是怎样的一种情况。不可否认，物理学家还在争论，一个实体是否能够处在一种多状态重叠的情况，然而，毫无疑问的是，单个的电子的确能够同时存在于两种状态之中。例如，一个原子中的一个电子就有可能存在于如下的两种状态之一：一个是能量最低的基态，另一个是激发态，后者是电子在获得能量之后可以通过向上跃迁而占据的一种状态。我们可以把这两种状态同计算机的标准二进制代码中的数字“0”和“1”对应起来。信息的这样一个量子单位有时就被称为量子点。如果利用波长恰好合适的光以恰好合适的时间长度照射原子，那么就有可能出现这样一种情况：原子内的电子处在两种状态中，每一种状态的概率各为50%。在量子物理学中，这相当于电子的波函数处在一种两种状态50对50的混合态。这就是状态的重叠。

量子点能够存在于一种重叠状态，这就为只使用较少的物理元件来制作性能优异的计算机提供了可能性。决定一台计算机性能好坏的一个重要参数，是它内部所使用的开关的数量，正是这个开关数量决定了存储器存储单元的多少，决定了该计算机以二进制代码所表示的程序、计算和答案可以采用的0和1位串的长度。然而，即使采用了微芯片技术，计算机的性能也要受到限制，这是因为，电子必须在存储器内从一个开关移动到另一开关，这需要花费时间，因而限制了计算机的工作速度。此外，流动的电流会产生热量，从物理的角度看，为了防止受热熔化，这就必须限制存储器的大小。为了避开这些问题，计算机科学家们正在设法改用别的办法，比如利用激光束来传送信息，即使如此，这种技术也远不能同量子计算所能具有的巨大速度相比拟。

我们可以想象有这样一台“计算机”，它只使用了一对量子点。每一个量子点都可以被设置为0或者1。因此，这台计算机具有四种可能的状态：00、01、10和11。如果这是一台传统的计算机，那么，在任何一个确定的时刻，它只能处在这四种状态中的一种状态。但是，如果这是一台量子计算机，那么，这两个量子点可以处在重叠状态，因此，这台量子计算机实际上可以同时工作在所有的四种状态，就像是4台传统计算机连接在一起同时工作。一般说来，一台量子计算机能够同时具有的状态是2（因为使用的是二进制语言）的以量子点的数目为次数的乘幂。当有3个量子点时，该量子计算机则可以有八种状态（2^3），如此等等。这个数字按照指数规律增加得极快，当一台量子计算机是由连接在一起的10个量子点组成时，它的运算能力就已经抵得上一台具有1024个开关所构成的传统计算机，即相当于一台一千位的传统计算机。如果一台量子计算机具有一个一千位的物理存储器的话，那么它工作起来简直就像是具有10^{1024}位存储器的一台传统计算机，这个数字甚至比整个宇宙中全部原子的数目还要大得多。这就是说，即使把可观测到的宇宙中的所有原子都用来制成一台传统的计算机，其运算能力也比不上这样一台量子计算机。

但是，究竟以怎样的方式才能够把这些量子点连接起来，怎样为这种量子计算机编写程序，以及怎样编译它的输出信号，在这些方面都面临着严重的挑战。目前，物理学家正在针对仅仅由不多的量子点所构成的量子计算机寻找解决的办法。物理学家相信，在这方面投入精力一定能有丰厚的回报，因为已经有人用数学证明了，量子计算机一旦研制成功，真的将会有很大的用场。这是一种对高技术的证明，证明的主要结论，已经由位于纽约的贝尔实验室的彼得·肖尔所做的工作显示出来。

肖尔很想搞清楚量子计算机是否能够破译密码。有一种编制密码的方法是把两个很大的素数彼此相乘，结果得到的自然是一个大得不得了的数字。若要破解这种密码，就必须设法找出原来产生它的那两个素数，这个过程叫作因子分解。使用普通的计算机，完成这项工作需要几个月甚至几年的时间。1994年，肖尔在数学上证明了，如果使用量子计算机就能够解决这个难题。量子计算机可以“猜测”原来产生密码的可能是哪两个因子，把二者试着相乘，再判断所得到的是否就是密码所给出的那个巨大的数字。这种破解密码的方式同使用传统计算机的破解方式多少是一样的，也是逐个查验大量的各种可能性。不过，在量子计算机中，每一次猜测（一串 0 和 1）对应的将是某一种重叠在一起的状态，因此，量子计算机是在同时对所有的可能性进行猜测和进行计算。肖尔证明，在这个过程中，一切不正确的猜测将彼此相消而被剔除（如同在双缝实验中的相消干涉产生暗黑条纹），而正确的答案将互相增强（如同双缝实验中的相长干涉产生明亮条纹），因此机器最后给出的就只有一个正确解。所有的错误解早已彼此自行勾销了。

我们有可能将一台量子计算机制作得十分完美，它的工作能力必定会更加令人惊异。只要我们知道如何为这样一台计算机编制程序和如何解释它的输出结果，那么，这台计算机就能够同时一下子解决一切可解决的难题，给出一切可解答的问题的答案。这样一种前景当然还十分遥远，不过说来好像也很简单，你只需要组装出一台能够实用的量子计算机，使它运行一次，接着再花上几代人的时间去解读它的输出。

不过，在研制量子计算机的探索中，我们这一代人多半能够预先解决这种计算机的容错问题，也就是，万一机器出点差错也没有关系。比如说，由于机器内部存在着的随机噪声的影响，有极少数量子点有可能从它们所在的重叠状态脱离出来，从而导致错误答案。这种机器的运算速度尽管快得惊人，然而，即使它运算了 1000 次，我们所需要的也只是它某一次运算所产生的那个正确答案。针对素数相乘密码破译的问题，有一个解决出错的办法，那就是，你可以在早餐前让量子计算机运行1000次，然后，把得到的所有可能的结果利用传统计算机进行乘法运算，再看哪两个素数因子相乘的结果是你所感兴趣的那个巨大数字。

这样一种虽然不够完善但速度惊人的计算机，在军事、政治以及工业谍报等领域具有巨大的实用价值，毫无疑问，对有关的研究项目值得继续投入资金。在技术开发领域，越是公众了解不多的事情，所取得的成就往往反而越大。而且，这种尚不完善的量子计算机一旦被研制出来，它们的可靠性也必定会逐步得到改进。到那时，利用量子计算机的巨大能力，我们便有可能把其他的那些怪异的量子现象的潜在应用也变为现实。

知识点

晶体管

晶体管是一种固体半导体器件，包括用各种半导体材料制成的二极管、三极管、场效应管、可控硅等，但通常指晶体三极管。晶体管具有响应速度快、准确性高等特点，可用于检波、整流、放大、开关、稳压、信号调制等。

延伸阅读

第一台商业化量子计算机

2007年，加拿大计算机公司D－Wave展示了全球首台量子计算机——

“Orion（猎户座）”。虽然当时只是一台能通过量子力学解决部分问题的原型机，不过也让我们看见了量子计算机的曙光。

在这以后不久，D－Wave 公司又宣布全球首台真正的商用量子计算机 D－Wave One 终于诞生了。据称这台商业化量子计算机的理论运算速度远远超越现有所有的超级计算机。当然，由于其架构特别的关系，目前只能用于处理部分特定的任务。从通用性方面看，尚不及现有的传统电脑。同时，D－Wave One 在散热方面也有非常苛刻的要求，自启动起其必须全程采用液氦散热，以保证其在运行过程中足够“冷静”。可以想象得出，这样的产品不是一般人可以消费的。据称，一台 D－Wave One 的售价高达 1000 万美元，而且这个价格还未确定是否包括其中的液氦散热系统。相信，随着科技的发展，量子理论的完善，量子计算机最终将“走入寻常百姓家”。

远距离传物的量子技术

量子世界最奇怪的事情莫过于一个实体，比如说一个电子，似乎能够在同一时刻位于好些不同的地点。例如在双缝实验中，正在通过实验装置的单个电子似乎知道整个实验的安排。知道它自己在此种安排中该去哪里。这种情况被称为非局域性，因为这个电子此时没有处在任何单一的点上。只有这个粒子在与别的什么发生相互作用时，它才会落脚在确定的位置。

大多数电子总是在与其他的什么东西不停地发生相互作用，位于原子内的一个电子在与原子核发生相互作用，因此它不仅是被束缚在原子的附近，而且还被限制在一定能量壳层，然而，我们却可以设法使量子实体处在这样一种状态，它与其他量子实体只有极其有限的相互作用，因而能够充分显示它的非局域性。

20 世纪 60 年代中期，工作在日内瓦原子核研究委员会的爱尔兰物理学家约翰·贝尔设想了一个实验来演示量子实体的这种非局域性。有好几个实验小组都接受了把贝尔的设想变为现实的挑战，其中有一个工作在巴黎的小组在

20 世纪 80 年代初获得了成功，他们无可置疑地演示了这一奇特的现象。在他们进行的那些实验中，成功地激发了一个原子，使之发出了行进朝向相反的两个光子。这两个光子来源相同，意味着它们彼此是有关联的，按照量子物理的有关方程，即使它们已经被分离开来，也仍然会保持“牵连”，仿佛二者就是一个粒子。实验结果证实，测量朝向实验装置一侧行进的那个光子的性质，立即就会影响到朝向实验装置另一侧行进中的另一个光子。从这些实验可以清楚地看到非局域性的作用。到 20 世纪 90 年代中期，日内瓦的研究人员又更深入地重做了这项实验，改让光子沿着一根长度为 10 千米的光导纤维行进，结果再次证明了非局域性的存在。两个光子分离以后直到相距 10 千米远，二者的行为仍然像一个粒子。由此可见，非局域性的的确确是一个实验结论，而并非“不过是理论上的预言”。

尽管两个光子之间的联系使得对其中一个光子的影响立即就能够影响到另一个光子，那也绝不可能在它们之间以超过光速的速度传输有用的信息。测量光子 *A* 对光子 *B* 的影响是一种随机的干扰。观测只发现光子 *B* 受到了干扰，由此可以断定光子 *A* 发生了什么事情，但是无法准确地知道光子 *A* 究竟发生了什么。不过，我们可以先利用传统的信息渠道（比如写信，发电子邮件，利用信鸽）传递一些关于光子 *A* 的（不完整的）信息，再结合观测光子 *B* 得到的信息，参照二者，肯定就会比起单独只依靠其中的一条渠道来能够获得更多的信息。这样一个结论对于编制密码有很大的应用价值。从原理上说，可以把一件保密信息分作两部分加以传送，使其中任何单独一部分都没有什么确定的含义，但其中有一部分却涉及量子牵连。完整的一件信息传送起来当然不可能快过光速，因为必须要分别传送每一半信息。然而，同其中一半信息联系在一起的那种量子牵连却绝对不会被别人截取，因为一旦有人要截取它，就会破坏它，使它发生改变。

甚至被传的“信息”还可以是原来的粒子，即光子 *A*，而这也许就可以看作是一种形式的远距离传物。这种把粒子作为信息传送的可能性，是由设在纽约的 IBM 研究中心的贝内特在他于 1993 年发表的一篇论文中指出的。后来进行的实验已经证明他的看法成立，至少在实验室范围确实如此。

远距传物的想法是基于这样一个事实：如果一个实体无论在哪一个方面都无法与另一个实体相区别，那么后者就“是”前者。复印一份文件，你手头有两个“实体”，而且你知道哪一个是原件。原件万一被损坏了，那么“复印件”就被认为在一切方面都等同于原件，它就肯定不再被当作复印件，而就“是”原件。

量子远距传物的原理如下：按通常的方式准备两个相互牵连的光子，把其中的一个传送到远处的某个地点（如月球上），而使另一个与一个电子发生相互作用，并把关于此相互作用（这种相互作用将破坏掉这个光子原来的量子态）的全部信息妥善保存起来。这种相互作用将会使放在月球上一只盒子里的那个光子的量子态也发生改变，不过月球上的人对这一切全然不知。现在，我们可以利用火箭、激光束或任何其他不涉及比光速还快的运动的传统方法把地球上的这个光子与电子之间的相互作用结果传送到月球上。月球上的那些物理学家根据这些信息，就可以调整盒子中的光子，设法通过这种调整来去掉由于牵连而引起的变化，从而得到地球上第一个光子的一个精确的复制品。这时，无论经受多么严格的检验，它都是第一个光子。

这里要强调指出的是，对于成对的分离开几米远的光子，这已经是在实验中实现了的事情。若仅仅达到这样一种水平，对于光子而言，这种远距传物，当然不会有什么意义，因为这整个过程要比光速慢得多，在房间的长度，宁可用传统的方式传送光子，反而要快些。但是，有关实验证明了这样一点，从原理上说，以这样一种方式，把一个物理对象的一个一模一样的复制品在任何一个空间距离进行远距传物确实是可能的，只是整个过程必须低于光速。

利用量子技术远距离传物何时才能走出实验室变成实用的产品，目前不得而知，然而毫无疑问的是，就在不远的将来，它一定会影响到我们的生活。

知识点

光导纤维

光导纤维即光纤，是一种利用光在玻璃或塑料制成的纤维中的全反射原理而制成的光传导工具。微细的光纤封装在塑料护套中，使得它能够弯曲而不至于断裂。通常光纤的一端的发射装置使用发光二极管或一束激光将光脉冲传送至光纤，光纤的另一端的接收装置使用光敏元件检测脉冲。光纤主要分为两类：渐变光纤、突变光纤。前者的折射率是渐变的，而后者的折射率是突变的。另外还分为单模光纤及多模光纤等。

延伸阅读

量子非局域性

量子非局域性可以用彩色球的比喻来帮助理解，设想只有两种彩色球：蓝色和黄色。由于存在着“两色等同定律”，一个原子一次只能发射两个球，而且必须是一种颜色一个球。但量子物理学认为，在进行测量之前，一个球的颜色是不确定的，这两个球从原子发射出来以后朝着相反的方向飞去，由于处在一种彼此重叠的状态，因而在测量之前是处在混色状态，亦即为绿色。现在，假定对其中的一个球进行测量，结果看到的是一个——比如说——蓝色球。根据色等同定律，就在进行测量的这同一时刻，朝另一方向已经远去的那个球，便必定会坍缩为黄色状态，这两个球的行为就像是一个粒子，尽管它们不在同一个位置。

宇宙与量子

YUZHOU YU LIANGZI

量子学诞生以后，人类原先许多“成熟”的宇宙观都发生了巨大的变化，一些原先解释不清的宇宙现象也得到了较为圆满的解释。量子物理学家为我们重新描绘了一幅幅宇宙新图像，包括太阳缓慢燃烧的秘密，红巨星、白矮星、中子星的形成原因，甚至还为我们“重现”了宇宙大爆炸的壮观景象。

解密恒星发光的能量来源

木星是我们太阳系中的行星，远比别的行星大。虽然木星与地球相比，非常巨大，但是与我们的恒星太阳相比，还是要小得多。木星与太阳相比，尽管大小差别悬殊，但在两个很重要的方面，它们是类似的：第一，两者主要都是由氢构成的；第二，两者的平均密度都只比水大一点点。既然它们是由差不多相同的成分构成的，为什么木星不像太阳一样，是一个炽热的燃烧着的气体星球呢？

木　星

让我们想象从木星的大气顶部开始往下降。当我们不断朝木星中心下降的时候，大气压会不断升高，因为上面大气层的质量不断增加。大气压变得如此之高，以至于很快气体氢分子就被压缩成了液体氢分子。如果我们进一步潜入这一氢的海洋，就像在地球上的海洋中下潜一样，压力会进一步升高。随着我们越潜越深，液态氢的密度变化并不大，因为氢分子有一定大小，泡利不相容原理不允许两个原子靠得太近。氢分子的强大共价键抵抗着木星氢海洋深处的巨大压力。但是当我们继续往下，压力将增加到比地球上任何地方的压力都大。氢分子的共价键最终破裂了，现在，氢海洋里面存在的全是原子氢。这种原子氢液体里面，氢原子之间的距离已经非常小，能够形成能带结构。因为氢原子在1s壳中只有一个电子，所以这种原子氢海洋就是液态金属海洋，类似地球上我们熟悉的液态水银。这一金属海洋可以维持很大的电流，科学家认为这就是木星拥有强大电磁场的原因。

当我们继续向木星中心进发的时候，压力继续上升，但是氢原子非常结实，能够抵抗住木星产生的巨大压力。是什么东西防止了氢原子被压垮？正是我们熟悉的电子和质子之间的电吸引力，抵抗住了像木星这样的巨大行星的重力产生的巨大压力。木星是一个不成功的恒星，为什么这么说呢？恒星与木星非常相似，只是恒星的质量要大得多——木星的质量只有太阳的0.1%。这意味着恒星中心的压力甚至比木星中心还要大得多。在恒星中，压力如此巨大，以至于原子中的电子和质子会被压得分开。恒星中的引力也非常巨大，能够超过电子和质子之间的电吸引力，最后导致了一锅电子和质子组成的“汤”，物质的这种形态叫作等离子体。

行星是由原子支撑的。在恒星中，原子被撕裂，形成等离子体，引力趋向于引起恒星坍缩。当等离子受到压缩的时候，电子和质子的运动越来越快，等离子体也越来越热。这种电子和质子的热运动产生了一种压力，从而阻止了进一步的引力坍缩。然而，因为恒星会以光子的形式将能量辐射出去，等离子体最终将冷却下来。为了防止恒星进一步坍缩，恒星内部必须有持续的热量供应。当恒星坍缩的时候，恒星中心最终将变得非常致密，温度非常高，从而引发核反应。核能正是恒星发光的能量来源！

知识点

共价键

共价键是化学键的一种。两个或多个原子共同使用它们的外层电子，在理想情况下达到电子饱和的状态，由此组成比较稳定的化学结构叫作共价键。共价键与离子键（通过两个或多个原子或化学基团失去或获得电子而成为离子后形成的化学键）之间没有严格的界限，通常认为，两元素电负性差值远大于1.7时，成离子键；远小于1.7时，成共价键。

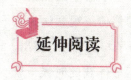

延伸阅读

恒星的诞生

在星际空间普遍存在着极其稀薄的物质，主要由气体和尘埃构成。它们的温度约10～100K，密度约10^{-23}～$10^{-24}g/cm^3$，相当于$1cm^3$中有1～10个氢原子。星际物质在空间的分布并不是均匀的，通常是成块地出现，形成弥漫的星云。星云里3/4质量的物质是氢，处于电中性或电离态，其余是氦以及极少数比氦更重的元素。在星云的某些区域还存在气态化合物分子，如氢分子、一氧化碳分子等。如果星云里包含的物质足够多，那么它在动力学上就是不稳定的。在外界扰动的影响下，星云会向内收缩并形成较小的团块，经过多次的收缩，逐渐在团块中心形成了致密的核。当核区的温度升高到氢核聚变反应可以进行时，一颗新恒星就诞生了。

太阳缓慢燃烧的秘密

几个世纪以来，天文学家和物理学家们都在思索恒星为什么发光。通过简单的计算就可以发现，通常的化学“燃烧”毫无希望，化学反应不可能为恒星数十亿年的生命提供足够的能源。能量只可能来自核反应。因此，著名的英国天文学家亚瑟·爱丁顿爵士，非常不幸地发现恒星内部的温度太低，质子不能克服它们之间的排斥势垒，相互靠近而发生核反应！尽管如此，爱丁顿还是确信，核能是恒星唯一可能的能量来源，他向怀疑者们挑战说：“我们不会跟批评家们争论恒星是不是还不够热，无法发生这种反应过程；但我们会让他们去找一个更热的地方。”结果证明爱丁顿是正确的，只是需要用量子力学来提供解答。利用伽莫夫提出的量子隧道效应，一位英国天文学家罗伯特·阿特金森和一位奥地利物理学家弗里茨·侯特曼斯解决了恒星的能量产生问题。他们在论文开始说道：“最近伽莫夫证明了，即使传统观念认为它们的能量不够，带正电的粒子还是可以穿透势垒进入原子核。”他们提出，轻原子核可以成为捕获质子的一个“陷阱”，当4个质子被俘获的时候，就会形成一个α粒子。这个α粒子再从原子核中放出来，因而释放出4个氢原子核转变成一个氦原子核这一聚变过程的大量原子核结合能。他们的原始论文题目是：《怎么才能在一个势场锅中烹调出氦原子核》，但是这个题目被《科学杂志》的编辑改成了一个更符合常规的题目了！这篇论文是现代恒星内部热核反应理论的基础，10年后，1939年，汉斯·贝蒂提出了一个所谓的碳循环理论，这一理论中碳起的作用与阿特金森和侯特曼斯说的质子俘获核起的作用类似。

太阳有很多氢，它的能源一定来自于氢通过聚变形成氦和其他重原子核的核反应。氢弹放出的能量同样来自于氢的聚变反应。为什么太阳不像氢弹那样爆炸？情况是这样的：太阳的能量产生速度非常低，太阳中一个人体大小的体积内产生能量的速度，比人体将食物转化为能量的速度还要低得多！氢弹和恒星能量产生速度的巨大差别是因为，它们的氢聚变反应类型不同。恒星中的氢几乎都是普通氢，每个氢原子只有一个质子，而氢弹的核反应需要的氢是氢的两种稀有同位素——氘和氚，这两种同位素除了含有一个质子以外，还分别含有一个和两个中子。氘和氚相对更容易发生核反应。太阳用来产生能量的核反应依靠普通氢，这种反应非常难发生，我们在实验室中从来没有观察到。这是因为太阳这一最基本的核反应机制与原子核 β 衰变的机制相同。这种反应叫作“弱相互作用”，与相对以较快速率发生的“强”核相互作用——比如氘—氚聚变反应——相比，进行得非常缓慢。

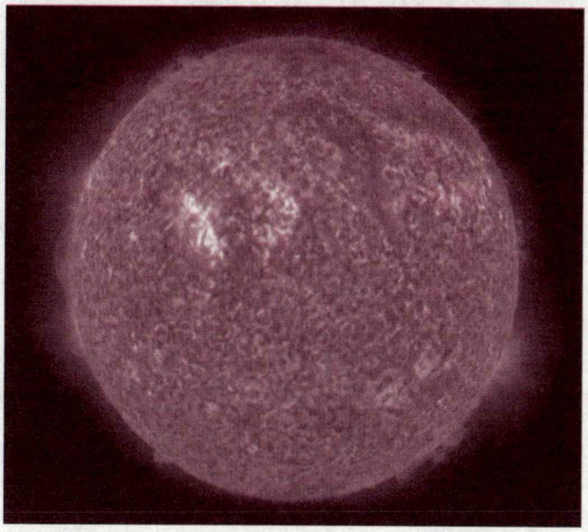

燃烧的太阳

我们把与贝塔放射性有关的相互作用叫作弱相互作用。最简单的弱相互作用例子是中子的 β 衰变。中子质量略比质子大，如果单独存在，最后会衰变为一个质子和一个电子。这两个粒子足够保证电荷守恒——中子不带电，转变成两个带相反电荷的粒子——但是实验表明，如果不引入另外一种电中性的粒子，这一反应的能量和动量将不守恒。这一大胆的想法是泡利在 1931 年提出来的，这可是在查德威克发现世界上第一个中性粒子——中子——的前一年。为了区别“泡利的中子”和查德威克的中子，恩里克·费米把这个假想粒子叫作中微子（意大利语“中性小东西”）。因为这些奇怪的粒子不带电荷，它们不受电磁力的影响。而且由于早期俘获中微子的所有试验尝试都以失败告终，显然它们也不受核力的影响。不管怎样，因为它们是由于弱力产生的，中微子一定也能通过弱相互作用与别的核物质发生相互作用。探测中微子的困难在于，根据预言中微子反应的概率很低，一个中微子必须通过很多“光年”厚的物质才有50%的机会发生反应。因为光的速度是30万千米/秒，一光年就是光以这种速度走一年（大约3000万秒）经过的距离，因此，你要么需要在你的探测器中放上巨大量的物质，要么利用一束含有巨大数目中微子的中微子束，才有希望探测到这种中微子反应。因此一点都不奇怪，直到1956年，泡利提出中微子假说的25年之后，也是在物理学家们已经接受了中微子存在这个事实的很长时间以后，两位美国物理学家——弗里德里克·莱因斯和克莱德·寇文才探测到了中微子引起的微弱相互作用。他们是怎么得到足够数量的中微子的？因为每一次核裂变平均产生大约6个β衰变过程，他们最初的想法是利用核爆炸中放出的中微子！幸运的是，他们可以利用核反应堆中产生的中微子。从核反应堆中逸出的数量巨大的中微子中——每平方厘米每秒超过1万亿个中微子，每个小时大约能够观测到三次中微子反应事件。基本的中子β衰变可以写为如下反应式：

$$n \to p + e^- + \bar{\nu}$$

按照惯例，衰变反应中产生的，用希腊字母ν上面加一根横杠（发音为“扭霸”）表示的粒子，叫作反中微子，也就是中微子的反粒子。如果我们把一个参与反应的粒子移到反应式的另一边，为了保证反应式两边电荷和其他量子数守恒，我们必须把它变成相应的反粒子。通过这样一个变化，我们可以看出，一种可能的弱相互作用反应是：

$$n + e^+ \to p + \bar{\nu}$$

这里碰到了电子的反粒子，即正电子。实际上，莱因斯和寇文寻找的是这一反应的相反过程，也就是：

$$\bar{\nu} + p \to n + e^+$$

直到1995年，弗里德里克·莱因斯才因为这一发现被授予诺贝尔物理学奖。现在这个时代，在巨大的粒子加速器实验室里面，我们已经对这些特别的粒子失去好奇心了，因为人工大量制备中微子束和反中微子束已经非常平常。我们现在能够观察到这样的中微子反应，也可以观察到莱因斯和寇文发现的反中微子反应。

$\bar{\nu}+n \rightarrow p+e^-$

在太阳中有很多质子，但是质子单靠自己不能通过下面的β衰变转变成中子：

$p \rightarrow n+e^+ +\nu$

因为中子质量更大。在原子核中情况就不同了。如果某一个质子这样“衰变”产生的新原子核比原来的原子核结合得更紧密，这一过程就可以，而且确实在不断发生。根据不确定性原理，整个系统可以“借到”额外的能量来使这一反应成为现实，因为，在衰变过程的最后，整个系统的总能量将更低。因此，虽然质子单靠自己不能转化为中子，但如果在合适的原子核中，它们就可以。这是理解太阳能量产生机制的关键。考虑太阳上两个质子相互碰撞。因为它们之间有库仑排斥力，它们很难靠得足够近，以进入强大的短程强相互作用范围。但是，偶尔，由于量子隧穿效应，两个质子能够结合在一起，形成一个不稳定的由两个质子组成的原子核。通常，在一个很短的时间内，这两个质子又会分开。但是，由于弱相互作用和不确定性原理，这一不稳定原子核的两个质子中的一个有一个很小的机会通过β衰变转化为中子，从而形成一个氘原子核：

$p+p \rightarrow d+e^+ +\nu$

平均说来，太阳上面的每个质子需要碰撞10亿年，才会发生一次这种反应。这种极其缓慢的第一步核反应正是太阳缓慢燃烧的秘密。一旦氘核形成，生成氦核所需要的别的核反应就容易发生得多了。质子和氘核之间通过强相互作用和电磁相互作用反应形成^3He：$p+d \rightarrow {}^3He+\gamma$，然后通过一个纯强相互作用形成$^4He$：

$^3He+{}^3He \rightarrow {}^4He+p+p$

这一反应序列叫作“质子—质子循环”，大家相信这一循环是太阳中能量产生的主要过程。然而，在很多别的恒星中，温度很高，能量能够通过贝蒂提出的碳循环产生。贝蒂的碳循环机制不需要在碰撞的那一刻发生弱相互作用，而是将碳核作为“烹调”出氦核的某种催化剂。

从慎重出发，我们必须提到，尽管物理学家们在解释太阳能量来源的时候取得了巨大的成功，还是有一个很恼人的问题一直没有得到解决。这个问题是这样的：太阳中质子—质子循环过程中的核反应，我们相信已经被搞得很清楚了。我们已经看到，有些核反应过程会产生中微子，因此，预言到达地球的这种“太阳中微子”的数目应该是相当简单的事情。1968 年至 1986 年间，在位于南达科他州的霍姆斯德克金矿矿井中，进行了探测这些太阳中微子的实验。实验在地面以下很深的矿井里进行，目的是为了减少来自外层空间的宇宙射线的影响。宇宙射线会进入实验装置与装置反应，跟太阳中微子反应混在一起，很难区别。可惜的是，即使经过非常仔细的检查之后，他们也只探测到了预计数目 1/3 的中微子。在 20 世纪的 80 年代和 90 年代，为了解决这个问题，又用不同的探测装置进行了一些新的实验。所有的这些新实验都是在地下进行的——日本的试验在神冈的一个矿井内，美国、俄罗斯合作的实验在高加索，欧洲、美国、以色列合作的实验在罗马附近的大萨索隧道内。这些实验证实了雷蒙·戴维斯最初在霍姆斯德克金矿矿井内得到的实验结果，只观测到了大约一半理论预计数目的中微子。这个问题有两种可能的解释：要么我们目前对太阳内部发生的物理过程的理解不完全正确，要么中微子在飞往地球的过程中发生了变化。目前，物理学家们把赌注押在第二种可能上。听起来有点不可思议，根据我们现在对自然力的理解，第二种情况的确可能发生，也就是中微子从太阳到地球的传播过程中，它们的性质确实发生了变化。1998 年，在神冈矿井中进行的一次新的实验支持了这种“中微子振荡”的想法。神冈的实验结果被最近在加拿大安大略撒德伯雷镍矿井中进行的另一次实验所证实。这些结果的一个重要推论是：中微子不是像光子那样没有质量，而是有一个很小但是不是零的质量。

知识点

恒　星

恒星是由炽热气体组成的，是能自己发光的球状或类球状天体。太阳就是一颗恒星。银河系中的恒星大约有1500～2000亿颗。由于恒星离我们太远，不借助于特殊工具和方法，很难发现它们在天上的位置变化，因此古代人把它们认为是固定不动的星体，实际上，恒星并不是一动不动的，而是运动着的。

延伸阅读

太阳的剧烈活动——太阳耀斑

太阳耀斑是一种剧烈的太阳活动。一般认为发生在色球层中，所以也叫"色球爆发"。其主要观测特征是，日面上突然出现迅速发展的亮斑闪耀，其寿命仅在几分钟到几十分钟之间，亮度上升迅速，下降较慢。特别是在太阳活动峰年，耀斑出现频繁且强度变强。一次普通的耀斑释放的能量相当于10万至100万次强火山爆发的总能量，或相当于上百亿枚百吨级氢弹的爆炸；而一次较大的耀斑爆发，在一二十分钟内可释放10^{25}焦耳的巨大能量。耀斑所发射的辐射种类繁多，除可见光外，有紫外线、X射线和γ射线，还有冲击波和高能粒子流，甚至有能量特高的宇宙射线。耀斑对地球空间环境造成很大影响。耀斑爆发时，发出大量的高能粒子到达地球轨道附近时，将会严重危及宇宙飞行器内的航天员和仪器的安全。当耀斑辐射来到地球附近时，与大气分子发生剧烈碰撞，破坏电离层，使它失去反射无线电电波的功能。无线电通信尤其是短波通信，以及电视台、电台广播，会受到干扰甚至中断。耀斑发射的高能带电粒子流与地球高层大气作用，产生极光，并干扰地球磁场而引起磁暴。

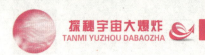

红巨星和白矮星的形成

一个像我们的太阳这样的恒星，拥有的能源足够燃烧数十亿年。但是当氢快被烧完的时候，会发生什么情况呢？因为核反应在恒星的核心发生，恒星核心最后将主要由氦构成。与氢相比，氦需要更高的温度和压力才能发生核反应。当恒星产生的能量越来越少的时候，引力将在原来的动态平衡中占上风，恒星开始坍缩。这会使温度重新升高，一直升到氢燃烧速度更快时，由贝蒂提出来的碳循环过程开始进行。这些氢的核反应最初在核心周围的一层很薄的壳中开始。不断增加的热量引起恒星外层膨胀，直到恒星的半径达到原来的几百或者几千倍。因为现在恒星产生的总能量被分散到一个比原来大得多的空间，

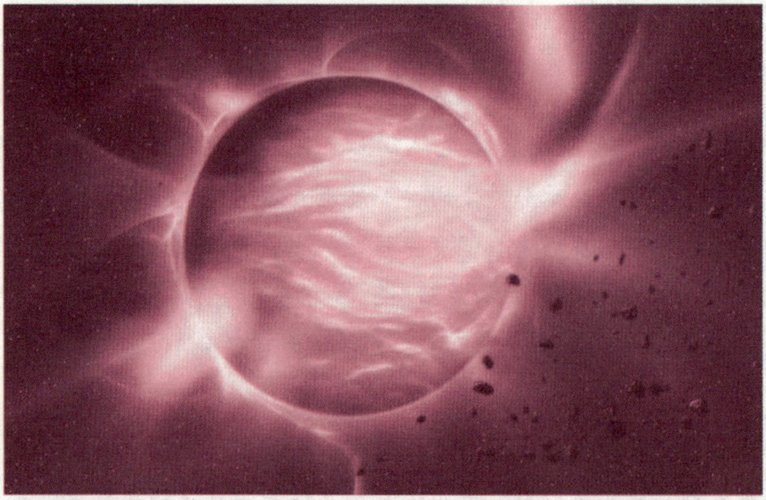

红巨星想象图

恒星的表面温度下降了，远处看起来颜色偏红。这样的恒星就叫作“红巨星”，如果我们的太阳发展到这一阶段，体积就会增大到把水星和金星都吞噬掉。

下面的核心又怎样了呢？随着氢的燃烧层产生越来越多的氦，恒星的核心会进一步坍缩，变得越来越致密。随着压力的增加，电子越来越拥挤，相互之间的距离越来越近。跟以前一样，泡利不相容原理不允许两个电子有同样的量子数，或占据同一空间。这一最小空间的大小是由电子的德布罗意波长决定的。德布罗意波长越小，电子的动量越大，随着压力的增加，电子的运动越来越快。对于一个质量跟我们的太阳一样的恒星，当电子运动的速度接近光速的时候，电子遵循的泡利原理将阻止核心进一步坍缩。对于核心的质子和中子来说，也有类似的泡利原理效应。质子和中子的质量比电子大很多，它们的德布罗意波长要小得多，因此质子和中子的泡利原理效应在阻止核心坍缩方面起的作用并不显著，除非达到远远更大的压力。所以，在恒星生命周期的这一阶段，阻止了核心进一步坍缩的是电子的泡利原理效应。这时候核心物质的密度高得令人难以置信——一小茶匙的物质就会有几吨重！

对于像太阳这样的恒星，核心的温度和密度最终将高到足以使氦开始燃烧。氦的核反应进行得很快，最后形成一个炽热的碳核心，并且把恒星的所有外层部分都抛到太空中。最后的结果是形成一个行星状星云，也就是从这种恒星上抛出来的扩散着的气体外壳，外面的气体环受到恒星中心的辐射，不断增大。剩下来的核心冷却下来，变成一个“白矮星”——一个炽热的、致密的星体，电子和泡利原理产生的“简并压力”阻止了它的进一步坍缩。一个典型的白矮星大约跟地球差不多大，但是质量却跟太阳差不多。白矮星之所以是白色的，是因为它仍然很热，能够辐射出光能。因为它不可能发生进一步的核反应了，所以白矮星将慢慢冷却下来，光线越来越微弱，最后进入它的生命过程的最后阶段，成为一个“黑矮星”。这种冷却过程也许花大约1万亿年，比现在宇宙的年龄还要长得多，因此到现在为止，我们还没有观测到一颗黑矮星。

双星系统里面白矮星的演化过程可能更复杂。下页图是天狼星的白矮星伴

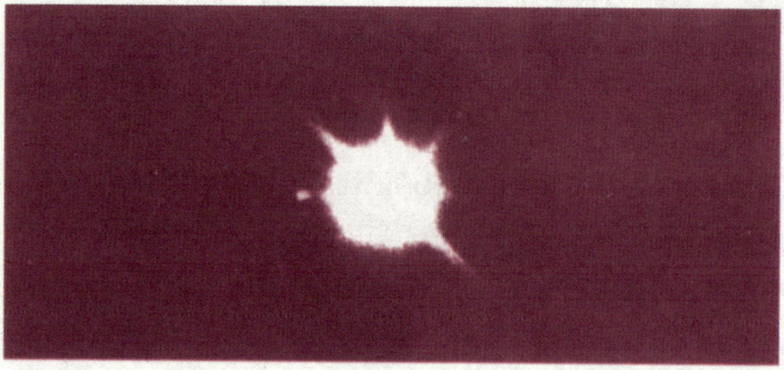

天狼 A 星

星。这种状态下，相信在白矮星处在红巨星阶段的时候，恒星物质会转移到它的伴星上。反过来，如果双星系统里面两恒星距离很近，物质也可以从红巨星转移到白矮星上。白矮星聚集了大量从伴星过来的氢，会发生猛烈的核爆炸。爆炸的时候，在一个很短的时间内，双星系统可以变得比原来明亮上亿倍。在望远镜还没有被发明的漫长岁月中，这种现象看起来就像一颗星星突然诞生了，并且在数周的时间内暗淡并消失。这种星星叫作“新星”。

双星系统里面的白矮星也可能发生所有恒星爆炸中最猛烈的爆炸——“超新星爆炸”。超新星爆炸的时候，新星的亮度能够跟整个星系差不多。自从望远镜被发明以来，在我们的银河系中还没有观察到超新星的出现。可是在 1054 年，我国先人记录下了一颗“客星”的出现，这颗“客星”非常明亮，在随后很多天的白天都可以看见它。在这次爆炸的位置上，我们发现了壮观的蟹状星云，它看起来显然是某一次巨大爆炸的残迹。实际上，如果恒星质量足够大，即使没有伴星的帮助，也能够出现超新星爆炸。我国先人观察到的蟹状星云超新星就属于这种类型。在这种质量非常巨大的恒星演化方面，量子力学和泡利不相容原理，还将导致比白矮星更加奇特的天体出现。

褐矮星是介于像木星这样的行星和真正的恒星之间的一类天体。这种天体的内部像我们说过的那样坍缩了，但是产生的等离子体又不够热，主燃氢核反应不能发生。第一个这样的褐矮星是 1997 年被发现的。

知识点

双星系统

双星系统是由两颗距离很近的恒星组成的。双星通常有如下分类：

物理双星：一颗恒星围绕另外一颗恒星运动，并且互相有引力作用。一般所说的双星，没有特别指明的话，都是指物理双星。

光学双星：两颗恒星看起来靠得很近，但是实际距离却非常远，称为光学双星。

目视双星：通过天文望远镜可以观测到的双星称为目视双星。

分光双星：只有通过分析光谱变化才能辨别的双星称为分光双星。

食双星：有的双星在相互绕转时，会发生类似日食的现象，从而使这类双星的亮度周期性地变化。这样的双星称为食双星或食变星。食双星一般都是分光双星。

密近双星：有的双星，不但相互之间距离很近，而且有物质从一颗子星流向另一颗子星，这样的双星称为密近双星。

X 射线双星：有的密近双星，物质流动时会发出 X 射线，称为 X 射线双星。

延伸阅读

太阳将变成白矮星

现在的太阳上，绝大多数的氢正逐渐燃烧转变为氦，可以说太阳正处于最稳定的主序星阶段。对太阳这样质量的恒星而言，主序星阶段约可持续110亿年。恒星由于放出光而慢慢地在收缩，而在收缩过程中，中心部分的密度就会增加，压力也会升高，使得氢会燃烧得更厉害，这样一来温度就会升高，太阳的亮度也会逐渐增强。65亿年后，太阳中心部分的氢会燃尽，最后只剩下其周围的球壳状部分有氢燃烧。在球壳内不再燃烧的区域，由于抵消引力的向外的力减弱而开始急速收缩，此时太阳会越来越亮，球壳外侧部分因受到影响而导致温度升高并开始膨胀，这便是另一个阶段——红巨星阶段的开始。红巨星阶段会持续数亿年，其间太阳的亮度会达到现在的2000倍，木星和土星周围的温度也会升高，最后，太阳的外层部分甚至会膨胀到现在的地球轨道附近。另一方面，从外层部分会不断放出气体，最终太阳的质量会减至主序星阶段的60%。像太阳这般质量的星球，在其密度已变得非常高的中心部分只会收缩到一定程度，也就是温度只会升高到某种程度，中心部分的火会渐渐消失。太阳逐渐失去光芒，膨胀的外层部分将收缩，冷却成致密的白矮星。

中子星和黑洞的形成

质量非常巨大的恒星，在氦燃烧生成碳的演化阶段完成以后，还可以继续发生新的核反应。只要恒星的核心足够热，新的核反应过程就会出现。一系列非常复杂的核反应将生成越来越重的原子核，直到最后生成铁——^{56}Fe——在铁以后，通过聚变反应已经不可能获得更多的能量了，因为铁的结合能是所有元素里面最高的。核心上的铁不断增加，直到核燃料消耗完毕。这时，核心又开始坍缩，直到泡利不相容原理阻止它进一步坍缩。电子的泡利不相容原理是不是无论恒星质量有多大，都能够防止它的坍缩呢？答案是否定的。有一个临界质量——叫作钱德拉塞卡极限，在这个质量以上，遵从泡利不相容原理的电子也不能阻止恒星在引力的作用下进一步坍缩。这是怎么回事？当大质量恒星的铁核心坍缩的时候，电子被挤压得非常紧密，很多电子的能量达到非常高，足以引起弱相互作用过程。弱相互作用通过以下反应将质子转变为中子

$e^- + p \rightarrow n + \nu$

这一反应的后果是，核心中的电子和质子都消失了，同时大量能量以中微子的形式从恒星中逃逸出来。一旦这一旨在减少电子的泡利压力的过程开始进行，恒星核心就会开始以令人难以置信的速度猛烈地坍缩。这种坍缩的精确和详细的发生过程，壮观的超新星爆炸如何发生，这些问题非常复杂，天文学家们仍然在争论不休。但是有一点似乎很清楚，就是超新星爆炸后会留下一个致密的炽热中子球——中子星。当炽热的中子星冷下来的时候，中子的泡利不相容原理能够阻止进一步的坍缩，除非恒星的质量非常大，大到足以形成黑洞。对于一个剩余质量是我们太阳 2 倍的恒星，最后形成的中子星的直径大约是 10 千米。它的密度比水高 1 万多亿倍，大致与原子核内部的密度差不多。因此，从某种角度来说，一个中子星就是一个巨大的原子核。

用量子力学来计算中子星的性质，有点像在冒险地滥用量子力学，但是这个想法是 50 多年前由 J·罗伯特·奥本海默提出来的。

中子星的天文观测证据与乔斯林·贝尔在 1967 年发现的脉冲星有关。乔斯林当时是英国剑桥大学的安东尼·休伊什教授的研究生。脉冲星是太空中的变化非常快、非常有规律的射电脉冲源。第一个脉冲星被发现后不久，在蟹状星云的中心，也就是我国先人观测到的超新星爆炸的地方，发现了另外一个脉冲星。蟹状星云脉冲星每秒钟亮—暗—亮—暗变化大约 30 次，发射的能量覆盖大部分电磁波波谱。脉冲星最早被叫作“小绿人”，用缩略语 LGM 表示，因为它们异乎寻常的规律性，所以最先人们怀疑这是地外文明发给我们的信号。但是现在我们几乎可以肯定，它们就是快速旋转着的中子星。

蟹状星云

美国康奈尔大学的汤米·戈尔德首先意识到脉冲星可能是旋转着的中子

星，所需要的旋转速度比正常恒星要大得多。但是就像一个滑冰的人收回他的双臂，使自己的旋转速度从慢变快一样——这是一个非常优雅的角动量守恒的范例——恒星在坍缩形成一个中子星的时候，它的自转速度也会加快。恒星的磁场也会由于坍缩而增大到非常强的程度。要知道，中子星的磁极并不总是与自转轴重合。我们相信，通过一种与中子星的磁场和电场都有关系的相当复杂的机制，在磁轴方向会产生一束强大的角度很小的辐射。正是这束辐射，随着中子星的自转，有规律地扫过地球，使我们能够观察到脉冲星发出的脉冲。

黑洞想象图

中子星是惊人致密的天体。尽管如此，这种天体产生的巨大引力还是被中子的泡利原理平衡了。但是如果恒星的质量还要大，甚至中子内部的夸克遵循的泡利原理，也不能阻止恒星坍缩形成一种更奇特的天体——黑洞。爱因斯坦的广义相对论——实际上就是一种引力理论，黑洞对应爱因斯坦方程的一种特殊类型的解。需要非常高的密度才能形成黑洞。例如，如果我们的太阳要变成一个黑洞，就必须把它压缩成一个直径只有大约6千米的球。一旦一颗恒星被压缩到小于它的临界半径——史瓦西半径——引力就会变得如此之强，以至于任何东西，包括光，都不能逃出来。它是一个真正的黑洞。

到目前为止，我们还没有一套完整的理论，能够把量子力学和广义相对论完美地统一起来。因此，我们并不清楚恒星坍缩形成黑洞的细节，甚至不能绝对肯定这种天体的存在。如果我们能在实验上观察黑洞，疑问自然会迎刃而解。但是没有任何辐射能够从黑洞中出来，怎么才能观察它呢？有人提出了一种办法，就是考察双星系统。这种系统含有两颗恒星，互相围绕旋转，就像舞池里的一对舞伴一样。如果这一系统里面有一个天体是黑洞，它的质量能够通过可以看见的伴星的行为来估算。黑洞会从伴星上吸走物质，这些物质在向黑洞跌落的过程中，会辐射 X 射线，也就是高能光子。人们提出的第一个候选黑洞在天鹅座中，但现在天文学家们已经发现了大约 15 个这种候选黑洞。

知识点

中子星

中子星是恒星演化到末期，经由重力崩溃发生超新星爆炸之后，可能成为的少数终点之一。简而言之，即质量没有达到可以形成黑洞的恒星在寿命终结时塌缩形成的一种介于恒星和黑洞之间的星体，其密度比地球上任何物质的密度都大许多倍。

延伸阅读

黑洞的形成

通常恒星的最初只含氢元素，恒星内部的氢原子时刻相互碰撞，发生聚变。由于恒星质量很大，聚变产生的能量与恒星万有引力抗衡，以维持恒星结构的稳定。由于聚变，氢原子内部结构最终发生改变、破裂并组成新的元素——氦元素。接着，氦原子也参与聚变，生成锂元素。如此类推，按照元素周期表的顺序，会依次有铍元素、硼元素、碳元素、氮元素等生成，直至铁元素生成，该恒星便会坍塌。这是由于铁元素相当稳定不能参与聚变，而铁元素存在于恒星内部，导致恒星内部不具有足够的能量与质量巨大的恒星的万有引力抗衡，从而引发恒星坍塌，最终形成黑洞。

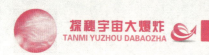

重现“大爆炸”的图景

宇宙有没有开端？假设宇宙有开端的话，有没有办法再现开端时的图景呢？对这样的问题，不论是不是科学家，谁都会觉得饶有趣味。

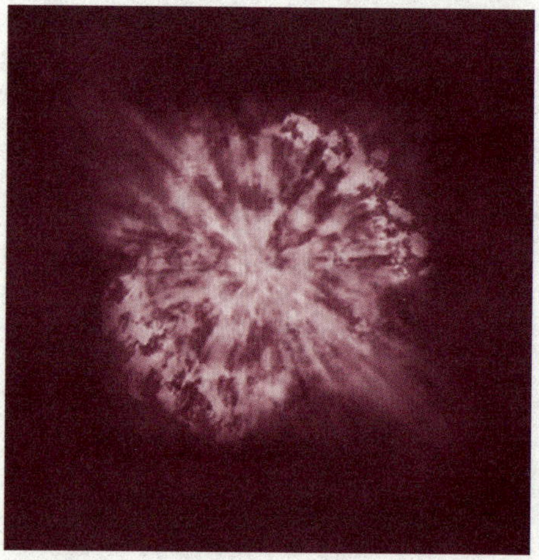

“宇宙蛋”爆炸

宇宙学中，现在十分流行的大爆炸理论告诉我们：宇宙有开端，它起源于大约150亿年前一个高温、致密的“宇宙蛋”的大爆炸。在这大爆炸发生后的微微秒（10^{-12}）内，宇宙里几乎没有我们现今所熟悉的物质或粒子。在微秒（10^{-6}秒）之际，才出现夸克和轻子。紧接着，夸克开始构成像质子和中子这样的强子。大约3分钟之后，质子和中子便开始合成原子核，继而原子核和电子形成原子，轻元素开始出现。经历漫长的20亿年后，宇宙中的物质才开始凝聚成星系。那些原始物质或最初粒子是什么样子？这当然是个很吸引人的谜题。由于宇宙的开端直接涉及粒子物理学，所以粒子物理学家根据自身的理论来推算当时的情况。据推测，在原始粒子变成我们所熟悉的质子和中子等粒子之前，可能要经过一种叫作“夸克—胶子等离子体”的过渡态。有没有什么直接的手段来检验这种推测，从而验证极早期宇宙的一些现象呢？哪怕在10多年前，这都是不可思议的事情。而随着科学技术的迅速发展，当今的科学家已敢于构思这样的实验，正尝试用原子核的小爆炸来验证宇宙的大爆炸。

这里说的原子核爆炸，与我们早就知晓的原子弹和氢弹的爆炸不是一回事。原子弹是利用重核裂变所释放的能量来代替普通炸药的作用，氢弹是利用轻核聚变所释放的能量来起杀伤作用。不论是原子核的裂变反应还是聚变反应，都是属于原子核之间的相互转化过程；反应前后的原子核质量虽然不一样，但质量密度是一样的。这是因为所有的原子核，都是由质量和大小都几乎一样的质子和中子组成的（唯有氢核只含质子），重核与轻核的差别仅在于质子和中子（统称核子）总数的不同，而它们的质量密度总是相同的。这犹如一个弹子与几个弹子之间的类似关系，弹子的数目虽然不同，但质地都是一样的，一个是玻璃球，几个也是玻璃球；一个是钢球，几个也是钢球。与上述核反应大不相同的是，模拟宇宙大爆炸的原子核爆炸，其首要一点则是要改变原子核的质量密度。严格点说，是要创造出比原子核的密度大得多的新物质态，即质地更密实的东西。

很多大胆、新奇而富有创意的科学思想，都萌生于经验的延拓和理性的升华。研制高密度新物质形态的物理思想，便是基于对普通物质，例如水的物理性质的认识。众所周知，在1个大气压下，水随着温度的变化会发生一系列状态的变化：0℃以下，水冻结成固体的冰；0℃～100℃，水是液体；高于100℃，水变成蒸汽；高于1000℃时，水的分子原子发生分解，变成一种由电子和带电离子组成的等离子体。显而易见，物质的物理性质与温度、压力和密度有关，而密度又与温度和压力有关。试想，假如我们只能见到常温和常压条件下的水，那么就不会知道与液态水相比密度差异很大的冰和蒸汽的存在。

用什么原料来研制像宇宙极早期那样的极大密度的物质呢？当然要用所能找得到的密度最大的东西。就我们所知，原子的质量几乎全部集中在十万亿分之一厘米（10^{-13}厘米）范围的原子核上，原子核的密度远不是普通物质所能比拟的。假如能把原子核凝成几滴核物质，仅仅几滴就可重达百万吨。科学家认为，在核物质中也可能存在像水那样的不同物态。在通常情况下，原子核类似于一颗液滴；在高温下，液滴受热可能变到蒸气态，即核子的运动速度加快到足以克服核力的约束，从而成“沸腾”状态；当进一步压缩或加温，即把很多核子挤压进一个核子的地盘，核子想必会被摧毁，它的组成粒子夸克和起“黏合”作用的胶子，就可能会形成夸克—胶子等离子体态。

到目前，已被公认的是，所有像质子和中子这一类的强子都是由带“颜色”（与电荷类比，称作色荷）的夸克组成的，起黏合作用的是也带颜色的胶子。令人困惑的是，夸克和胶子以及它们的颜色特征，在强子尺度以外却是观察不到的。人们猜想，对于能不能看到“自由的”夸克和胶子的问题，如果把条件归结为它们的栖身之所的物质密度或能量密度的高低，那么，只要把核物质的密度再提高一些，就应该能看到它们。这时，就有可能看到自由的夸克和胶子形成的像电荷等离子体一样的色荷等离子体，即夸克—胶子等离子体。

上面说的电荷等离子体，常简称为等离子体，是有别于固体、液体和气体的另一种物质形态。当温度足够高时，普通物质就变成了电离气体，即电子从气体的原子中逃逸出来，使得电中性的原子变成了带相反电荷的两部分，即带负电荷的电子和带正电荷的离子。电子和离子组成的气体就叫作等离子体。仿照这样的叫法，色中性的核物质在特定条件下，可能显示出夸克和胶子的颜色特征，即分离成各自带有颜色的两部分，因而这种物质形态被称为夸克—胶子等离子体态。

不像用手捏棉花球那样轻松自如，也不像用万吨水压机压钢材那样立见成效，要把原本就非常致密的核物质压缩成宇宙极早期的物质形态，除非利用高能加速器，否则别无它法。一种叫作相对论性重离子对撞机的加速器，可以用来研制极高密度的物质。这种加速器不是对质子或电子之类的粒子进行加速，而是对失去大多数核外电子的原子即重离子进行加速。这些重离子是以接近光的速度运动并碰撞的，因而相对论效应变得十分重要，这种碰撞就叫作相对论性的碰撞。只有通过这样的碰撞，才能把核物质的密度提高很多倍，并将其温度提高到千万亿摄氏度以上。太阳中心的温度才1500万摄氏度，可见这种温度之高。这种高密度的核物质，随着温度升高，压力增大，很快就开始膨胀，继而发生爆炸，有可能产生宇宙极早期的物质形态。我们就可以在实验室里重现宇宙“大爆炸”的图景。

由于相对论性重核间的碰撞，有可能直接验证关于宇宙起源的大爆炸理论，因而这一课题激起了粒子物理学家的兴趣和热情。从20世纪80年代起，他们就开始了一系列的理论探索和实验尝试，试图揭示有关宇宙起源和命运的最大奥秘。

知识点

核裂变

核裂变又称核分裂，是指由重的原子，主要是指铀或钚，分裂成较轻的原子的一种核反应形式。核裂变要放出巨大能量。核裂变是原子弹以及裂变核电站的能量来源。其中铀裂变在核电厂最常见，加热后铀原子放出2~4个中子，中子再去撞击其他原子，从而形成链式反应而自发裂变。

延伸阅读

宇宙的“大爆炸”论

美国天文学家伽莫夫曾提出过一种新的观点，他认为宇宙曾有一段从密到稀、从热到冷、不断膨胀的过程。这个过程就好像是一次规模巨大的爆炸。简单地说，宇宙起源于一次大爆炸。大爆炸宇宙论是现代宇宙学中最著名、影响也最大的一种学说。

大爆炸宇宙论把宇宙200亿年的演化过程分为三个阶段。

第一个阶段是宇宙的极早期。那时爆发刚刚开始不久，宇宙处于一种极高温、高密的状态，温度高达100亿摄氏度以上。在这种条件下，不要说没有生命存在，就连地球、月亮、太阳以及所有天体也都不存在，甚至没有任何化学元素存在。宇宙间只有中子、质子、电子、光子和中微子等一些基本粒子形态的物质。宇宙处在这个阶段的时间特别短，短到以秒来计。

随着整个宇宙体系不断膨胀，温度很快下降。当温度降到10亿摄氏度左右时，宇宙就进入了第二个阶段，化学元素就是在这个时候开始形成的。在这一阶段，温度进一步下降到 100 万摄氏度，这时，早期形成化学元素的过程就结束了。宇宙间的物质主要是质子、电子、光子和一些比较轻的原子核，光辐射依然很强，也依然没有星体存在。第二阶段大约经历了数千年。

当温度降到几千摄氏度时，进入第三个阶段。200 亿年来的宇宙史以这个阶段的时间最长，至今我们仍生活在这一阶段中。由于温度的降低，辐射也逐步减弱。宇宙间充满了气态物质，这些气体逐渐凝聚成星云，再进一步形成各种各样的恒星系统，成为我们今天所看到的五彩缤纷的星空世界。